ENCYCLOPÉDIE

TRAVAUX PUBLICS

Fondée par **M.-C. LECHALAS**, Inspr génal des Ponts et Chaussées

(Conserver la Couverture)

LOIS GÉNÉRALES DE LA CHIMIE

INTRODUCTION DU COURS DE CHIMIE GÉNÉRALE

PROFESSÉ

A L'ÉCOLE NATIONALE DES MINES

PAR

G. CHESNEAU

INGÉNIEUR EN CHEF DES MINES

PARIS

LIBRAIRIE POLYTECHNIQUE CH. BÉRANGER, ÉDITEUR

Successeur de BAUDRY & Cie

15, RUE DES SAINTS-PÈRES, 15

MÊME MAISON A LIÈGE, 21, RUE DE LA RÉGENCE

1899

ENCYCLOPÉDIE DES TRAVAUX PUBLICS ET ENCYCLOPÉDIE INDUSTRIELLE

Fondateur : M.-C. LECHALAS, 108, *rue de Rennes*, *PARIS*

Volumes grand in-8°, avec de nombreuses figures

Médaille d'or à l'Exposition universelle de 1889

ARCHITECTURE

Maçonnerie, 2 vol., 794 figures. 40 fr.

Charpente en bois et menuiserie, 680 figures.................. 25 fr.

Charpenterie métallique, menuiserie en fer et serrurerie, 2 vol., 1050 figures................ 40 fr.

Couverture des édifices, 423 figures......................... 20 fr.

Fumisterie (chauffage et ventilation), 731 figures.................. 25 fr.

Plomberie (eau, assainissement; gaz), 391 figures................. 20 fr.

Tous ces ouvrages reproduisent le *Cours d'architecture* **de M. Denfer à l'Ecole Centrale, en y ajoutant des développements considérables.**

CALCULS ABRÉGÉS

Ponts métalliques à travées indépendantes : formules, barêmes et tableaux, par M. Ernest Henry, inspecteur général des ponts et chaussées, 267 figures................ 20 fr.

CHEMINS DE FER

Cours de l'Ecole des Ponts et Chaussées, par M. Bricka, professeur de chemins de fer à cette École, 2 vol., 514 figures.......... 40 fr.

Cours de l'Ecole centrale :

Superstructure, par M. Deharme, professeur de chemins de fer à cette École, 1 vol. avec 310 figures et 1 atlas de 73 planches grand format. 50 fr. (1)

Résistance des trains. Traction, par MM. Deharme et Pulin, ingénieur de la Cie du Nord, 95 figures et 1 planche.................... 15 fr.

Chaudières de locomotives, par les mêmes.

Notions générales et économiques, par M. Leygue, ancien ingénieur auxil. des travaux de l'Etat. 15 fr.

Chemins de fer à crémaillère, par M. Lévy-Lambert, 79 figures.. 15 fr.

Chemins de fer funiculaires et transports aériens, par le même, 150 figures................ 15 fr.

Exploitation technique des chemins de fer (*Sous presse*).

Exploitation commerciale des chemins de fer (*En preparation*).

CHIMIE ET GÉOLOGIE

Chimie élémentaire (hors cadre, grand in-18, relié), P. C. N., par M. Joannis, 181 figures........ 10 fr.

1. On vend séparément : Texte, 15 fr.; Atlas, 35 fr.

Lois générales de la Chimie, par M. Chesneau, 37 figures.... 7 fr. 50

Chimie appliquée à l'art de l'Ingénieur (2e édition), par MM. Durand-Claye, Derôme et Feret, 146 fig. 15 fr.

Chimie organique appliquée, par M. A. Joannis, 2 vol., 1406 pages avec figures..................... 35 fr.

Cours de géologie (2e édition), par M. Nivoit, 431 figures et une carte géologique de la France..... 20 fr.

DROIT ADMINISTRATIF ET DROIT INDUSTRIEL

Commentaire de la loi du 9 avril 1898, par M. Féolde....... 6 fr.

Législation des mines. Cours de l'École des mines, par M. Aguillon, 3 volumes.................... 40 fr.

Droit industriel. Cours de l'Ecole Centrale, par M. Michel Pelletier. 15 fr.

Manuel de droit administratif, par M. Georges Lechalas, 3 vol.. 40 fr. (2 tomes en 3 vol. de 20, 10 et 10 fr.)

ÉCONOMIE POLITIQUE ET STATISTIQUE

Cours d'économie politique de l'Ecole des ponts et chaussées, par M. Colson.

Associations ouvrières et patronales (prix de 12.000 fr. du Musée social, 1898), par M. Hubert-Valleroux........................ 10 fr.

Traité de statistique.

GÉOMÉTRIE DESCRIPTIVE. MÉCANIQUE APPLIQUÉE. MACHINES

Cours de géométrie descriptive de l'Ecole des ponts et chaussées, par M. d'Ocagne, 340 figures. 12 fr.

Cours de géométrie descriptive de l'Ecole Centrale, par MM. Brisse et Picquet, 300 figures...... 17 fr. 50

Coupe des pierres, par MM. Rouché et Brisse, 1 vol. et grand atlas. 25 fr.

Applications de la statique graphique (2e édit. très augmentée), 1 vol., par M. Koechlin, 310 figures, avec un atlas de 34 planches. 30 fr.

Résistance des matériaux. Stabilité des constructions, par M. Flamant, 270 figures (2e édition). 25 fr.

Cours de résistance des matériaux, par M. Jean Résal, 120 figures 16 fr.

Cours de stabilité des constructions, par le même (*En préparation*).

Éléments et organes des machines, par M. Gouilly, 810 figures.. 12 fr.

Machines (Série de 3 volumes, en y comprenant l'ouvrage de M. Gouilly). (Voir Hydraulique).

LOIS GÉNÉRALES DE LA CHIMIE

Tous les exemplaires des *Lois générales de la Chimie* devront être revêtus de la signature de l'auteur.

ENCYCLOPÉDIE
DES
TRAVAUX PUBLICS
Fondée par **M.-C. LECHALAS**, Inspr génal des Ponts et Chaussées

---

LOIS GÉNÉRALES DE LA CHIMIE

INTRODUCTION DU COURS DE CHIMIE GÉNÉRALE

PROFESSÉ

A L'ÉCOLE NATIONALE DES MINES

PAR

G. CHESNEAU
INGÉNIEUR EN CHEF DES MINES

PARIS
LIBRAIRIE POLYTECHNIQUE CH. BÉRANGER, ÉDITEUR
Successeur de BAUDRY & Cie
15, RUE DES SAINTS-PÈRES, 15
MÈME MAISON A LIÈGE, 21, RUE DE LA RÉGENCE

1899

LOIS GÉNÉRALES DE LA CHIMIE

INTRODUCTION

CHAPITRE PREMIER

ÉTATS DIVERS ET TRANSFORMATIONS DE LA MATIÈRE

1. Masse et énergie. — Tout objet matériel se manifeste à nos sens par l'existence de deux attributs distincts :

1° Une substance qui se révèle à nous par son poids, variable d'un point à l'autre du globe, mais dont la masse (quotient du poids par l'accélération g) est constante : on l'appelle *matière pondérable ;*

2° Une *énergie* se révélant à nous sous des formes variées : résistance à la compression, travail mécanique, émission de chaleur, de lumière, action chimique, etc.

La matière pondérable se présente à nous sous des aspects très différents, mais nous ne pouvons à volonté lui faire subir des transformations qui l'amènent d'un état déterminé à un autre quelconque. Nous pouvons modifier profondément l'aspect et les propriétés d'un métal comme le cuivre en le combinant à l'oxygène, au soufre, etc. ; mais de quelque manière que nous traitions les corps ainsi formés, nous n'en retirerons comme métal que du cuivre : les transformations de la matière pondérable sont donc limitées en l'état actuel de nos connaissances.

Au contraire, les différents modes d'énergie peuvent être transformés les uns dans les autres. C'est ainsi que la compression d'un gaz (énergie mécanique dépensée) élève sa température, c'est-à-dire transforme l'énergie mécanique en énergie calorifique ; un corps en mouvement, subitement arrêté, s'échauffe, et peut même devenir lumineux si l'échauffement est suffisant. L'énergie chimique mise en jeu dans l'action de l'acide sulfurique sur le zinc se transforme en énergie calorifique dans le récipient où se fait l'attaque, et la quantité de chaleur dégagée par kilogramme de zinc dissous est toujours la même, en opérant dans les mêmes conditions. Si l'on produit cette réaction dans une pile en activité, la chaleur dégagée par kilogramme de zinc dissous est moindre, mais il se produit dans le circuit de la pile un courant électrique qui échauffe le conducteur, peut produire de la lumière dans une lampe, du travail mécanique dans une machine réceptrice, des réactions chimiques dans un bain électrolytique, etc. : voilà donc un phénomène où l'énergie chimique est transformée en énergie calorifique, électrique, mécanique, lumineuse, etc. La vie des végétaux est basée sur la transformation en énergie chimique de l'énergie lumineuse, grâce à laquelle l'acide carbonique de l'air est décomposé par la matière verte des feuilles.

Toutes ces formes d'énergie peuvent être exprimées, au moyen d'unités convenablement choisies, en quantités comparables entre elles, et l'étude de leurs transformations a montré qu'il y a un rapport constant entre les quantités des différents modes d'énergie que l'on peut transformer ainsi les uns dans les autres.

On distingue dans une même espèce d'énergie deux modes différents suivant que le corps qui en est doué peut la manifester spontanément ou non. Un corps qui tombe à terre manifeste de lui-même l'énergie mécanique qu'il doit à son mouvement, en échauffant ou brisant un autre corps qu'il rencontre dans sa chute : l'énergie qu'il possède est dite énergie *libre*, énergie *actuelle*, ou encore *cinétique*, ou *force vive*. Un corps pesant reposant sur un appui est incapable de produire ces effets de lui-même ; il ne possède aucune énergie actuelle : vient-on à supprimer l'appui, il se met en mouvement sous l'action de la pesanteur, et devient capable de produire ces effets mécaniques et calorifiques. Cette énergie, qui ne peut se révéler que sous l'action d'une cause extérieure au corps, est dite *latente*, ou de *position*, ou encore *potentielle*.

Dans les phénomènes chimiques, comme dans tous les phénomènes naturels, on a donc à s'occuper des masses réagissantes et de l'énergie mise en jeu. Ces deux attributs de la matière obéissent d'ailleurs à un principe commun, non démontrable *à priori* sans hypothèses, mais vérifié par ses conséquences ; c'est la loi dite « *de la conservation de la masse* « *et de l'énergie* », base de tous les phénomènes physiques. On peut la formuler dans l'énoncé suivant qui résume les principes de Lavoisier et d'Helmholtz :

« *Si l'on considère un système de corps complètement isolé,* « *quelles que soient les transformations qui se produisent à* « *l'intérieur du système, la masse totale reste invariable, et* « *l'énergie totale (actuelle et potentielle) du système reste* « *constante.* »

2. Phénomènes physiques et chimiques ; leurs analogies dans les équilibres chimiques. — Plusieurs corps étant mis en présence, le phénomène chimique est la production, par suite d'agents extérieurs ou internes, d'un ou de plusieurs autres corps dont les propriétés intimes diffèrent notablement de celles des corps composants ; c'est ainsi que le magnésium, métal blanc et brillant, légèrement chauffé dans l'air, se combine brusquement avec l'oxygène en donnant un nouveau corps la magnésie, substance blanche opaque où l'on ne retrouve plus aucune des propriétés des corps composants ; telle est encore la combustion du cuivre dans la vapeur de soufre, de l'arsenic dans le chlore, etc.

Les phénomènes physiques concernant les transformations de la matière consistent en changements d'états, tels que si la cause de la transformation cesse d'agir, le corps reprend son état primitif.

La distinction des phénomènes en physiques et chimiques est parfois difficile à faire, ou plutôt il y a souvent un lien intime qui les rattache les uns aux autres. Comparons par exemple le phénomène physique de la vaporisation de l'eau et le phénomène chimique de la décomposition du carbonate de chaux par la chaleur. Si l'on chauffe un poids d'eau quelconque en vase clos, une partie de l'eau se réduit en vapeur et la vaporisation ne s'arrêtera que lorsque la pression de la vapeur aura atteint une valeur qui ne dépend, ni du poids de l'eau, ni la grandeur du récipient, mais uniquement de la température à laquelle on porte celui-ci.

Chauffons de même du carbonate de chaux dans un vase clos à la température rouge : de l'acide carbonique se dégage, tandis que de la chaux est mise en liberté, et la décomposition du carbonate de chaux ne s'arrêtera que lorsque la température étant maintenue invariable, la tension de l'acide carbonique aura atteint une valeur constante qui ne dépend, ni du poids de carbonate de chaux, ni de la capacité du vase, mais uniquement de la température à laquelle on le chauffe : c'est un phénomène chimique absolument comparable au phénomène physique précédent. Si l'on élève la température, une nouvelle quantité d'eau se vaporise et la pression de la vapeur prend une nouvelle valeur fixe avec cette température : de même si l'on chauffe le carbonate de chaux à une plus haute température. Lorsqu'on laisse au contraire la température s'abaisser, la vapeur se condense et l'on finit par revenir peu à peu à l'état initial : de même si on laisse refroidir le récipient contenant le carbonate de chaux avec les produits de sa décomposition, l'acide carbonique se recombine peu à peu avec la chaux libre et le carbonate de chaux initial est reconstitué intégralement.

Voilà donc deux phénomènes, l'un physique, l'autre chimique, tout à fait comparables : dans les deux cas, l'*équilibre* qui tend à s'établir entre les états opposés du système : eau $\rightleftarrows$ vapeur, $Co^3Ca \rightleftarrows CO^2 + CaO$, ne dépend que d'un seul facteur, la *température*.

Cette analogie se poursuit dans un très grand nombre d'autres phénomènes chimiques : tous les phénomènes chimiques où en faisant varier progressivement la température, la pression ou l'état électrique dans un sens, les corps en expérience passent par une série d'états définis, et qu'en faisant varier ces facteurs en sens contraire les corps repassent en sens inverse par la même série d'états, en un mot tous les phénomènes chimiques *réversibles* ne diffèrent pas sensiblement des phénomènes *physiques* proprement dits, et c'est en vertu d'une simple convention, ou en se basant sur certaines analogies qu'ils sont étudiés en Chimie plutôt qu'en Physique. Les systèmes donnant lieu à de semblables phénomènes sont dits en *état d'équilibre chimique* ; ils correspondent en effet à un véritable équilibre mécanique, une variation infiniment faible de l'un des facteurs, de qui dépend cet état, entraînant une modification infiniment petite du système. Aussi ces phénomènes ne donnent-ils lieu qu'à des réactions *incomplètes*, limitées par la réaction inverse.

3. Phénomènes chimiques non réversibles ; état de mouvement chimique, état de repos chimique. — Les phénomènes chimiques *non réversibles* dans les conditions où on opère et qui sont en très-grand nombre (combustion du magnésium dans l'oxygène, du cuivre dans le soufre, etc.), diffèrent profondément des précédents. On peut pour bien faire saisir cette différence, comparer les uns et les autres aux actions mécaniques suivantes. Supposons un poids suspendu à un fil élastique : si nous exerçons sur ce poids un effort de traction de plus en plus fort, le poids se déplacera et sa position sera parfaitement déterminée pour une valeur déterminée de l'effort exercé; si l'on diminue peu à peu celui-ci, le poids reprendra sa position initiale. C'est un phénomène réversible. Supposons le même poids suspendu à un fil non élastique et exerçons un effort croissant sur ce poids : tant que le fil ne cassera pas, le poids reste immobile ; si l'effort devient suffisant, le fil se rompt et le poids tombe. C'est un phénomène *non réversible*, dont la brusque combinaison du soufre en vapeur et du cuivre chauffé, du mélange d'hydrogène et d'oxygène sous l'action d'une étincelle électrique, donnent l'analogue en chimie. Les phénomènes chimiques non réversibles correspondent à un changement d'état d'un système hors d'équilibre dans les conditions considérées, qui est dans un *état de repos chimique* grâce à des liaisons internes ou résistances passives qui s'opposent à ce que le système change d'état : vient-on à rompre ces liaisons par un procédé quelconque (l'échauffement d'un point du système par exemple), le système se modifie brusquement de lui-même, et prend un nouvel état plus stable dans les conditions considérées. Des variations *infiniment petites* de la température, de la pression, etc., ne produisent aucun changement chimique sur de pareils systèmes, qui donnent lieu au contraire à des réactions *complètes non réversibles* dans les conditions de température, pression, etc, considérées, sous l'influence d'une variation *finie* de ces facteurs : de semblables systèmes sont dits *en état de mouvement chimique*.

L'expérience a d'ailleurs montré que les combinaisons chimiques qui se sont produites à une certaine température d'une façon non réversible, peuvent donner lieu à une température très-différente à des phénomènes réversibles : c'est ainsi que la plupart des oxydes obtenus aux températures ordinaires par des phénomènes non réversibles de combustion des métaux dans l'oxygène, paraissent décomposés en leurs éléments aux températures très-élevées des fours électriques. Dans d'autres cas, on peut abaisser par certaines actions le degré de température où une réaction commence à donner lieu à la réaction inverse : c'est ainsi que l'acide chlorhydrique n'est décomposé qu'au rouge blanc par l'oxygène, tandis qu'au rouge sombre, c'est le chlore qui décompose la vapeur d'eau ; mais on obtient la réaction inverse de celle-ci à la même température en présence des sels de cuivre. Les progrès de la chimie ont tellement multiplié de semblables exemples que l'on est en droit d'affirmer que toutes les réactions peuvent ou pourront être réalisées d'une façon réversible en se plaçant dans des conditions particulières.

Mais, dans les conditions normales, il y a lieu de distinguer nettement dans les réactions chimiques celles qui sont complètes, non réversibles, et celles qui sont incomplètes, réversibles et désignées sous le nom de *dissociations* ou *d'équilibres chimiques* suivant les cas.

4. Marche suivie dans l'étude des phénomènes chimiques. — Le but que doit poursuivre la chimie, et qu'elle est encore loin d'avoir atteint, est donc la recherche des lois régissant ces deux catégories de phénomènes et permettant de prévoir les réactions des corps les uns sur les autres. Nous sommes presque toujours obligés, dans les sciences naturelles, d'étudier successivement le rôle de chacun des facteurs en jeu, en n'en faisant varier qu'un seul à la fois, avant de tenter de découvrir leurs liaisons entre eux. C'est ainsi que pour étudier la loi de dilatation des gaz, quand la pression et la température varient simultanément, on a d'abord recherché les variations de volume à température constante, d'où l'on a déduit la loi de Mariotte :

$$PV = \text{constante.}$$

Puis, en laissant la pression constante, et en ne faisant varier que la température, Gay-Lussac est arrivé à la relation :

$$V_t = V_0(1 + \alpha t)$$

qui rapprochée de la relation précédente conduit à la formule générale de dilatation des gaz :

$$\frac{PV}{1+\alpha t} = \text{constante, ou } PV = RT$$

T étant la température absolue et R une constante égale à 845,05, en exprimant P en kilogrammes par mètres carrés, V en mètres cubes, et en considérant des quantités de matière correspondant à une molécule exprimée en kilogrammes (17).

Cette étude successive des divers facteurs entrant en jeu dans les phénomènes chimiques est également nécessaire pour en établir les lois ; le développement de la chimie montre d'ailleurs que c'est bien la marche qui a été suivie. Le premier objet des recherches chimiques est l'étude des combinaisons indépendamment des circonstances qui les produisent, celle des proportions suivant lesquelles les corps se combinent, puis l'étude des propriétés des différents corps simples ou composés permettant de les distinguer les uns des autres. Les principales lois relatives à cette première partie de la chimie ont été établies à la fin du siècle dernier ou au commencement de celui-ci : leur découverte a fait de la chimie une science véritable. Ce sont les lois des réactions complètes, irréversibles, donnant des *combinaisons définies*, et relatives seulement aux *masses* des corps entrant en réaction : aussi peut-on les appeler par abréviation *lois chimiques des masses*.

Le second objet de la chimie est l'étude des circonstances qui provoquent les réactions ou des phénomènes qui les suivent, étude des dégagements de chaleur et d'électricité et de leur influence dans les transformations réciproques des corps mis en présence, etc.; les lois déjà très-importantes mais non encore définitives, auxquels on est arrivé depuis un demi-siècle à ce point de vue peuvent être appelées *lois chimiques de l'énergie*, et il y a lieu de les étudier aussi bien pour les réactions complètes que pour les réactions réversibles.

Ces deux objets de la chimie ont pu être justement comparés aux deux points de vue sous lesquels on étudie le mouvement en mécanique[1]. Le premier objet correspond à la *cinématique* ou étude géométrique du déplacement des organes des machines, indépendamment des causes qui les mettent en mouvement, de même que le second correspond à la *dynamique* ou étude des forces qui produisent les mouvements.

Enfin, de même qu'en mécanique on a à tenir compte dans le fonctionnement des machines des résistances passives développées par les frottements, de même on doit étudier en chimie les résistances passives qui empêchent les corps, hors d'équilibre, en état de repos chimique, de se rapprocher de leur position d'équilibre stable, c'est-à-dire qui s'opposent à la production de réactions déterminées.

Plusieurs procédés empiriques permettent dans bien des cas de surmonter ces résistances passives et de réaliser les réactions que l'on a des raisons théoriques de croire possibles ; ces moyens sont l'élévation de température, l'action de la lumière, les actions de présence et, en chimie organique, les germes organisés. Les réactions les plus importantes de la chimie sont basées sur ces procédés : dégagement de l'oxygène dans la calcination du chlorate de potasse, combinaison de l'hydrogène et du chlore provoquée par la lumière, de l'hydrogène et de l'oxygène sous l'influence de la mousse de pla-

1. H. Le Châtelier (*Recherches expérimentales et théoriques sur les Equilibres chimiques*. Ch. XII. — *Annales des Mines*, 1888.)

tine, décomposition ou transformation de nombreuses substances organiques par les ferments. Mais jusqu'à présent l'emploi de ces procédés n'est pas sorti de la période de tâtonnements, et les lois qui régissent ces résistances passives sont encore à trouver : leur connaissance ferait faire un pas immense à la science de la chimie.

5. Rappel de quelques propriétés physiques des corps. — L'étude des lois chimiques des masses et de l'énergie doit être précédée d'une étude approfondie de celles des propriétés physiques des corps qui jouent un rôle dans les phénomènes chimiques telles que la cohésion, la fusion, la vaporisation, etc. Je les supposerai déjà connues et je m'arrêterai seulement quelques instants sur la distinction entre l'*état cristallisé* et l'*état amorphe* de la matière, qui offre une grande importance en chimie, en me limitant aux corps *homogènes,* c'est-à-dire aux corps que l'on peut partager en autant de parties que l'on voudra sans qu'il soit possible d'obtenir deux parties différant autrement que par leur poids.

6. État cristallisé, état amorphe. — L'état cristallisé est caractérisé par ce fait que les propriétés de la matière comportant une orientation varient autour de chaque point avec la direction considérée, et que cette variation se fait suivant une loi définie qui est identique en tous les points d'une même masse homogène ; c'est-à-dire que, dans une semblable masse, les propriétés relatives à des directions parallèles sont identiques en tous les points [1].

Parmi les propriétés comportant une orientation, il faut citer en première ligne la vitesse de la lumière, dont les variations suivant la direction donnent lieu aux phénomènes optiques utilisés en cristallographie, puis la conductibilité calorifique, les formes géométriques que prend spontanément le corps en passant à l'état solide, etc.

1. H. Le Châtelier (Recherches sur la dissolution, *Annales des Mines*, 1897).

Il est à remarquer que la plupart des corps solides, surtout de ceux étudiés en chimie minérale, ne nous sont connus qu'à l'état cristallisé. On emploie souvent la qualification d'*amorphes* pour des précipités où l'on ne peut distinguer de forme géométrique ; c'est en général une expression erronée, car la petitesse des particules empêche seule le plus souvent d'en discerner la forme géométrique, et de nombreux précipités qualifiés d'amorphes tels que les sulfates de baryte et de plomb, le carbonate de chaux, etc., révèlent un état cristallin dès qu'on ralentit la formation du précipité par un artifice quelconque.

L'état amorphe est celui dans lequel toutes les propriétés, quelles qu'elles soient, sont identiques dans toutes les directions autour de chaque point. Sont amorphes : tous les liquides et les gaz, et parmi les solides les corps dits *vitreux* tels que les acides borique, silicique et phosphorique obtenus par fusion, tous les verres, le soufre mou, les résines, les gommes, les matières albuminoïdes, etc.

On peut distinguer en général l'état amorphe de l'état cristallisé par les propriétés optiques des corps réduits en lames minces et observés au microscope polarisant, ainsi que par l'aspect de la cassure, qui présente des facettes planes dans l'état cristallisé et des surfaces arrondies, conchoïdales, dans l'état amorphe (cassure du verre, de la résine, etc.). Comme distinction très importante en pratique, les corps amorphes passent de l'état solide à l'état liquide progressivement avec tous les intermédiaires de l'*état pâteux*, et n'ont pas de point fixe de fusion, absolument comme les liquides chauffés dans un vase clos, qu'ils remplissent complètement, passent sans transition à l'état gazeux : il y a donc continuité pour un corps amorphe depuis l'état solide jusqu'à l'état gazeux.

Au contraire, les corps cristallisés passent sans transition de l'état solide à l'état liquide et ont une température fixe de fusion.

7. Systèmes cristallins. — Les corps cristallisés se présentent généralement sous la forme de polyèdres limités par des faces planes parallèles deux à deux.

En étudiant les formes des cristaux, on peut arriver à distinguer, au milieu de leurs aspects indéfiniment variés, des caractères communs qui permettent de les classer en un petit nombre de groupes.

Tout d'abord dans une même espèce de cristaux d'une substance déterminée, la grandeur des faces est variable, mais les angles dièdres des faces entre elles sont invariables.

Si l'on rapporte les faces d'un cristal à trois arêtes du cristal prises comme axes de coordonnées, l'équation du plan que forme une face quelconque est de la forme :

$$\frac{x}{ma} + \frac{y}{nb} + \frac{z}{pc} = 1$$

a, b, c, étant des longueurs constantes appelées *paramètres*, et m, n, p des nombres entiers ; cette loi, dite des *indices rationnels*, peut s'exprimer aussi en disant que les plans des faces découpent sur chaque axe des longueurs, multiples simples d'une même longueur pour chaque axe.

En choisissant convenablement les axes on peut faire ressortir une symétrie des faces du cristal, définie comme il suit par rapport à un certain nombre de droites ou de plans.

On dit qu'un plan P est un plan de symétrie d'un cristal lorsque à toute face du cristal correspond une autre face, non parallèle à celle-ci, ayant la même inclinaison sur le plan P.

On dit qu'une droite est un axe de symétrie d'ordre n lorsque par une rotation de $\frac{2\pi}{n}$ autour de cette droite, une face quelconque devient parallèle à une autre face dans la situation primitive.

Les axes de symétrie ainsi définis que l'on a à considérer en cristallographie sont seulement d'ordre 2, 3, 4 ou 6 : on les appelle *binaires*, *ternaires*, *quaternaires* et *sénaires*.

L'étude des cristaux au moyen d'épures convenablement tracées, a conduit à les distinguer, au point de vue de la symétrie, en sept groupes distincts que l'on appelle *systèmes cristallins*.

Tout cristal peut être dérivé par des troncatures, au moyen de sections planes obéissant à la loi des indices rationnels, d'une forme simple qu'on appelle *forme primitive du système* : on a ainsi une forme primitive pour chacun des sept systèmes, qui sont désignés par la forme primitive correspondante.

1° *Système cubique* (fig. 1), ayant pour forme primitive le cube et possédant les éléments de symétrie suivants :

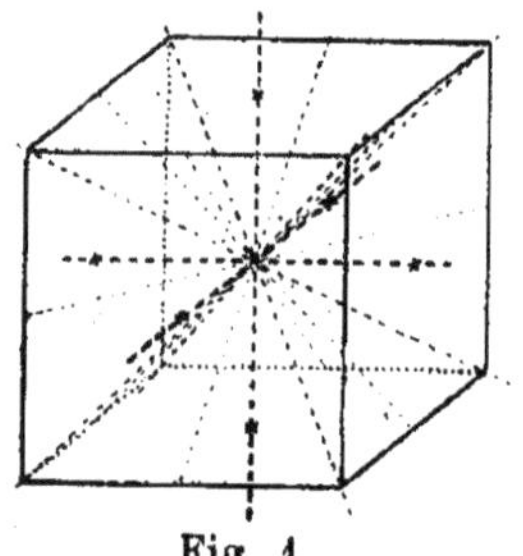
Fig. 1.

3 axes quaternaires (parallèles aux arêtes, menées par le centre du cube) 4 axes ternaires (diagonales du cube) ; 6 axes binaires (droites joignant les milieux des arêtes opposées).

3 plans de symétrie perpendiculaires aux axes quaternaires et 6 plans perpendiculaires aux axes binaires (plans diagonaux du cube).

Exemples de corps cristallisant dans ce système : sel marin, fluorure de calcium, aluns.

2° *Système quadratique* (fig. 2) ou *quaternaire*, ayant pour forme primitive le prisme droit à base carrée.

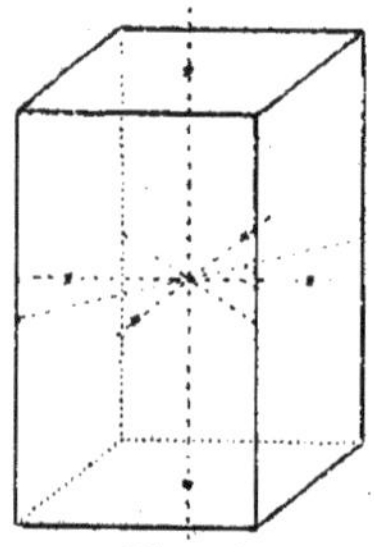

Fig. 2.

Eléments de symétrie :

1 axe quaternaire (droite joignant les centres des bases) et 4 axes binaires (perpendiculaires à l'axe quaternaire ;

5 plans de symétrie perpendiculaires à chacun des axes.

Exemple : l'acide titanique (rutile).

3° *Système hexagonal* ou *sénaire* (fig. 3), ayant pour forme primitive un prisme droit dont la base est un hexagone régulier.

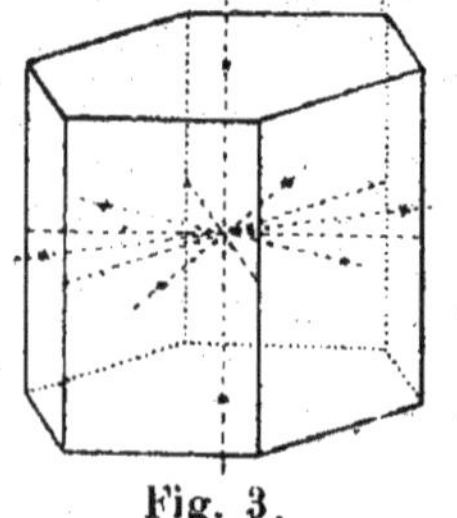
Fig. 3.

Eléments de symétrie :

1 axe sénaire (droite joignant les centres des bases), 6 axes binaires perpendiculaires à l'axe sénaire ;

7 plans de symétrie perpendiculaires aux axes.

Exemple : le quartz (acide silicique).

4° *Système rhomboédrique* ou *ternaire* (fig. 4), ayant pour forme primitive le rhomboèdre, parallélipipède dont les faces sont des losanges (rhombes) égaux.

Eléments de symétrie :

1 axe ternaire (droite joignant les sommets des trièdres dont les trois faces sont égales), 3 axes binaires perpendiculaires à l'axe ternaire ;

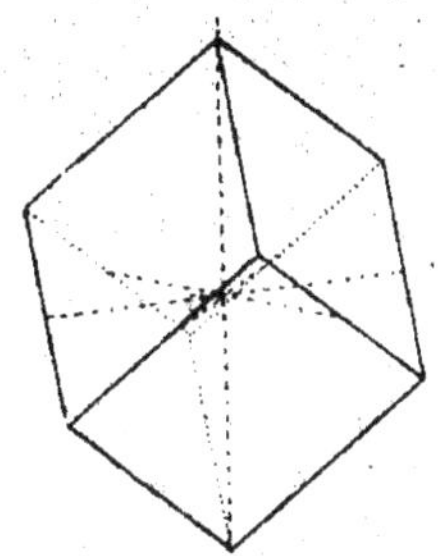

Fig. 4.

3 plans de symétrie perpendiculaires aux trois axes binaires.

Exemple : le spath d'Islande (carbonate de chaux), le bismuth métallique.

5° *Système orthorhombique* ou *terbinaire* (fig. 5) ayant pour forme primitive le prisme droit à base rectangle ou à base rhombe.

Fig. 4.

Eléments de symétrie :

3 axes binaires (droites joignant les centres des bases, et ceux des faces parallèles) ;

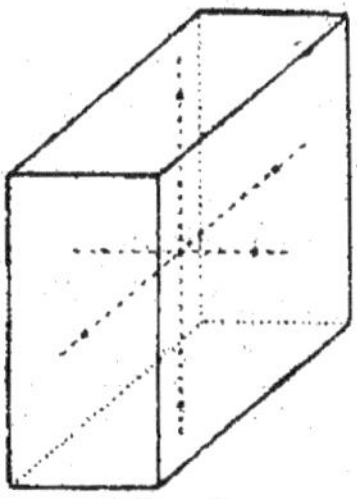

3 plans de symétrie perpendiculaires aux axes.

Exemple : soufre dit octaédrique.

6° *Système clinorhombique* ou *binaire* (fig. 6), ayant pour forme primitive un prisme oblique à base rectangle ou rhombe, l'un des plans passant par le centre du prisme et par l'un des axes de symétrie de la base, étant un plan de symétrie du prisme.

Fig. 5.

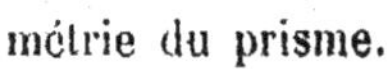

Autre élément de symétrie :

1 axe binaire (perpendiculaire à ce plan mené par le centre du prisme) ;

Exemple : soufre dit prismatique.

7° *Système triclinique* ou *asymétrique* (fig. 7) ayant pour forme primitive un prisme oblique à base de parallèlogramme. Il n'y a plus ni axe ni plan de symétrie et seulement un centre de symétrie.

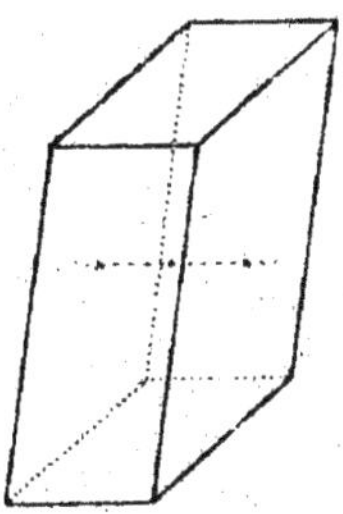

Fig. 6.

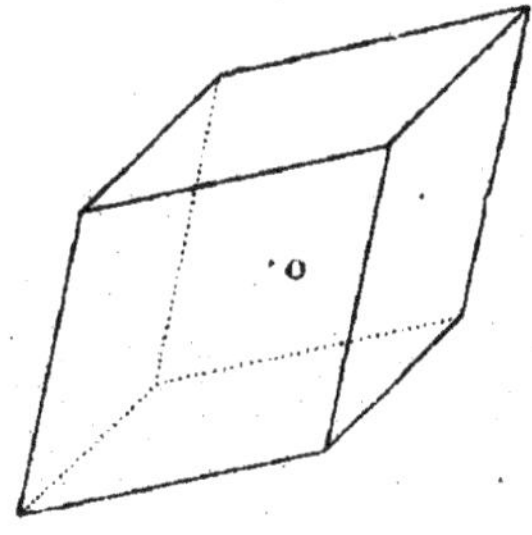

Fig. 7.

Exemple : le sulfate de cuivre cristallisé.

9. Hémiédrie ; dimorphisme ; isomorphisme. — Quelques formes cristallines ne peuvent pas se déduire par troncatures symétriques de ces sept formes primitives : on est obligé pour les en faire dériver de ne pas tenir compte de tous les éléments de symétrie ; ce sont les cas dits d'*hémiédrie*. Tel est le tétraèdre régulier qui est une forme hémiédrique du système cubique et dérive du cube en abattant seulement quatre sommets sur huit par des plans perpendiculaires aux axes ternaires, alors que la symétrie du système cubique exigerait la même troncature aux huit sommets (ce qui donne alors l'octaède régulier). La pyrite de cuivre, cristallisée habituellement en tétraèdres du système quadratique, le quartz, l'acide tartrique présentent des exemples d'hémiédrie.

Un corps cristallisant dans des conditions identiques prend toujours la même forme cristalline : il n'en est pas quelquefois de même si les conditions changent, et certains corps peuvent fournir, quand ils cristallisent dans des conditions différentes, des formes appartenant à des systèmes différents ; de semblables corps sont appelés *dimorphes*. C'est ainsi que le soufre dissous dans le sulfure de carbone donne par évaporation à froid des octaèdres orthorhombiques, tandis que les cristaux obtenus au moment de la solidification du soufre fondu appartiennent au système clinorhombique. Le carbonate de chaux se présente également sous deux formes différentes : soit en rhomboèdres (spath d'Islande), soit en cristaux orthorhombiques (arragonite).

Il existe des corps qui peuvent cristalliser dans plus de deux systèmes différents : tels sont les bioxydes d'étain et de titane qui donnent suivant les cas des cristaux appartenant à trois formes primitives différentes.

On appelle *isomorphes* des corps qui, cristallisant dans un même système, peuvent en outre coexister en proportion quelconque dans un même cristal. Il ne suffit pas pour cela qu'ils cristallisent dans le même système, mais encore, ainsi que l'a observé Mitscherlich, qu'ils aient une constitution chimique semblable : tels sont le groupe des aluns et celui des carbonates de la série magnésienne. Cette propriété qui n'a d'ailleurs rien d'absolu, a été fréquemment utilisée pour établir la constitution d'un certain nombre de corps composés.

LOIS CHIMIQUES DES MASSES

CHAPITRE II

LOIS DES COMBINAISONS DÉFINIES

ET SYSTÈMES DE NOTATIONS CHIMIQUES

10. Corps simples, corps composés. — Tout corps que l'on peut séparer en plusieurs autres doués de propriétés différentes est appelé *corps composé*. Tout corps dans lequel on n'a pu, par tous les moyens connus, mettre en évidence l'existence de plusieurs autres corps est appelé *corps simple* ou *élément*.

Certains corps simples se présentent sous deux ou plusieurs modifications différant par quelques propriétés physiques : densité, système cristallin, point de fusion, etc. ; de semblables variétés sont dites *allotropiques* ; exemple : le phosphore, le soufre, etc.

On appelle *composé défini* un mélange homogène de plusieurs corps simples dans lequel il est impossible de faire varier d'une façon continue la proportion des constituants, sans qu'il se produise un changement brusque des propriétés du mélange.

On appelle *isomères* des composés présentant la même composition chimique et la même densité de vapeur avec des propriétés chimiques différentes; *polymères*, des composés ayant même composition chimique, des propriétés chimiques analogues et des densités de vapeur multiples les unes des autres.

L'étude des proportions des corps simples qui s'unissent pour former des composés définis a conduit aux lois suivantes :

11. Loi de Lavoisier ou loi des poids. — *Le poids d'un composé est égal à la somme des poids des composants.*

Cette loi est une conséquence du principe général de la conservation de la masse ; elle nous paraît aujourd'hui évidente, et cependant elle était loin d'être généralement admise avant les travaux de Lavoisier qui, grâce à l'emploi de la balance, est arrivé à l'établir en pesant tous les corps entrant dans les réactions ou s'en dégagent, qu'ils fussent solides ou gazeux.

12. Loi de Proust ou des proportions définies. — *Deux corps, pour former un même composé défini, se combinent toujours dans le même rapport, ou, ce qui revient au même, dans des proportions invariables.*

Par exemple les poids p de magnésium et p_1 d'oxygène s'unissant ensemble pour donner un poids $p+p_1$ d'oxyde de magnésium sont toujours dans le même rapport, quel que soit le poids total d'oxyde de magnésium obtenu.

13. Loi de Dalton ou des proportions multiples. — *Il y a toujours un rapport simple entre les différents poids d'un corps qui peuvent se combiner avec un même poids d'un autre.*

Les composés oxygénés de l'azote sont un exemple classique de cette loi. L'analyse des différents composés de l'azote et de l'oxygène montre en effet que 14 gr. d'azote se combinent avec des poids d'oxygène respectivement égaux à 8 gr., 16 gr., 24 gr., 32 gr., et 40 gr., poids qui sont entre eux dans le rapport de 1 à 2, 3, 4 et 5.

14. Loi de Richter ou de proportionnalité.—*Si A et B*

représentent les poids de deux corps qui s'unissent au même poids C d'un troisième corps, les poids des deux premiers corps qui pourront se combiner entre eux seront dans un rapport égal à $\frac{A}{B}$ ou à un multiple de ce rapport.

Par exemple **32** gr. de soufre se combinent à **32** gr. d'oxygène pour donner l'anhydride sulfureux ; **4** gr. d'hydrogène se combinent à **32** gr. d'oxygène pour donner de l'eau ; les poids de soufre et d'hydrogène qui se combinent ensemble pour donner de l'hydrogène sulfuré (**32** gr. de soufre et **2** gr., d'hydrogène), sont bien dans un rapport multiple de $\frac{32}{4}$.

15. Lois de Gay-Lussac ou lois des volumes (lois des combinaisons gazeuses).— Les lois précédentes, qui sont *rigoureusement exactes*, concernent seulement les *poids* des corps simples susceptibles d'entrer en combinaison, et elles s'appliquent à tous les composés définis connus. Gay-Lussac a énoncé en **1808**, les deux lois suivantes qui ne s'appliquent qu'aux combinaisons des éléments pris à l'état gazeux :

1° *Les volumes de deux gaz qui peuvent s'unir pour former un composé défini, sont entre eux dans un rapport simple.*

2° *Lorsque deux éléments gazeux donnent, en se combinant, un composé gazeux, le volume du composé est dans un rapport simple avec les volumes des composants.*

Les volumes des éléments et des composés produits par leur union doivent être, bien entendu, mesurés dans les mêmes conditions de pression et de température. Les combinaisons des métalloïdes donnent d'innombrables vérifications de ces lois :

1 vol. d'hydrogène combiné à	**1** vol. de chlore donne	**2** vol. d'acide chlorydr.
2 vol. d'hydrogène —	1 vol. d'oxygène —	**2** vol. de vapeur d'eau.
3 vol. d'hydrogène —	**1** vol. d'azote —	**2** vol. d'ammoniaque.

On constate d'ailleurs que le volume d'un composé n'est jamais supérieur à la somme des volumes des composants.

Il n'y a généralement pas de contraction dans les combinaisons à volumes égaux ; il y en a toujours quand les volumes entrant en combinaison sont inégaux.

Comme la loi de Mariotte, les lois de Gay-Lussac sont des lois *limites*, c'est-à-dire ne sont rigoureusement exactes que pour des corps à l'état de gaz *parfaits*, qui suivraient rigoureusement la loi de Mariotte : on trouve en pratique de légers écarts entre les volumes mesurés et ceux que demandent les lois de Gay-Lussac, et cela d'autant plus que les gaz simples ou composés considérés s'écartent davantage eux-même de la loi de Mariotte, à la pression et à la température ordinaires.

Systèmes de notations chimiques. — Les lois chimiques des masses ont servi de point de départ aux deux systèmes actuellement usités pour représenter, moyennant certaines conventions, tous les corps simples ou composés par des *symboles* et *formules* peu compliqués, permettant à simple vue de les reconnaître et d'en déduire immédiatement la composition.

Ces deux systèmes sont connus sous les noms de système dit « *des poids équivalents* » et de système dit « *des poids atomiques* ».

16. Système dit « des poids équivalents ». — Le procédé le plus élémentaire qui se présente à l'esprit pour représenter un corps composé est d'adopter un système de notation donnant la composition centésimale *en poids* qui est invariable pour chaque composé défini d'après la loi de Proust. Ainsi l'eau dont 100 grammes contiennent 11 gr. 11 d'hydrogène et 88 gr. 89 d'oxygène pourrait être ainsi représentée en écrivant[1] :

1. C'est à peu près le système employé par Lavoisier dans son *Traité élémentaire de Chimie*, où les corps composés sont désignés par leur nom d'après les règles de nomenclature imaginées par lui, en y adjoignant au besoin

hydrogène	11. 11
oxygène	88. 89
	100.00

On peut évidemment simplifier les écritures en désignant les corps simples seulement par leur initiale ; mais les coefficients à attribuer à chaque corps simple seraient d'une telle complication qu'il serait bien difficile de déterminer, par la seule inspection de la formule, à quel corps composé elle se rapporte.

Les lois de Dalton et de Richter permettent de simplifier beaucoup ces coefficients, en convenant que les symboles des corps simples représenteront non pas seulement leur nature, mais encore un poids déterminé de ce corps appelé *nombre proportionnel* ou *équivalent en poids*.

Il suffit en effet d'attribuer la valeur de l'unité de poids, le gramme, au symbole représentant un corps simple quelconque, l'hydrogène par exemple, et d'attribuer aux symboles des autres corps simples des poids égaux ou proportionnels à ceux qui se combinent soit à 1 gr., d'hydrogène, soit au poids d'oxygène se combinant à 1 gr. d'hydrogène pour former de l'eau, c'est-à-dire très sensiblement 8 gr. d'oxygène.

Comme l'on sait d'après les lois de Dalton et de Richter que les poids des corps entrant dans une combinaison quelconque, seront toujours des multiples simples des nombres proportionnels ainsi choisis, il en résultera que les coefficients affectés à chaque symbole des corps simples entrant dans un composé défini, seront des nombres entiers peu élevés faciles à retenir.

Ainsi la formule centésimale de l'eau $H_{11,11}\ O_{88,89}$ se réduit à HO en faisant H = 1 gramme, 0 = 8 gr.

la composition centésimale. C'est ainsi que la fermentation du sucre de raisin y est représentée par l'équation :

moût de raisin = acide carbonique + alcool

et que l'acide carbonique est défini : le corps obtenu en saturant 28 parties de charbon par 72 parties d'oxygène (2e édition 1793, tome I pages 67 et 141).

C'est à tort que l'on a donné à ces nombres proportionnels le nom d'*équivalents* qui tend à donner une idée inexacte de ce qu'ils représentent. Le mot *équivalent* devrait signifier en effet que les poids représentés par les symboles sont tels que les poids A et B de deux corps simples quelconques se combinant à 8 gr. d'oxygène, c'est-à-dire s'équivalant vis-à-vis de l'oxygène, doivent s'équivaloir aussi entre eux et se combiner dans le rapport de A à B.

Or les métaux par exemple qui se combinent aisément à l'oxygène, se combinent rarement entre eux, et s'ils le font, ce n'est presque jamais dans le rapport de leurs équivalents, mais d'un multiple très-élevé.

Les *poids équivalents* sont donc choisis d'une façon arbitraire, de manière à rendre le plus simple possible l'exposé des réactions des corps entre eux, et à donner aux corps analogues des formules de même type ; la règle consistant à prendre pour équivalent le poids le plus faible du corps qui se combine à 8 gr. d'oxygène comporte, dans ce but, des exceptions assez fréquentes.

On peut dire en résumé que, *par définition, les équivalents des corps simples sont des multiples ou des sous-multiples du poids de ces corps pouvant se combiner avec le poids d'oxygène qui s'unit à 1 gr. d'hydrogène pour former de l'eau, soit très-sensiblement 8 gr. d'oxygène.*

En réalité, on prend de préférence aujourd'hui $O = 8$ gr. exactement, ce qui donne pour l'hydrogène un équivalent égal à 1 gr. 003, parce que ce sont en pratique les combinaisons des corps avec l'oxygène et non pas avec l'hydrogène qui servent le plus souvent à la détermination des poids équivalents.

Les équivalents des corps composés, pas plus que ceux des corps simples, n'ont rien d'absolu au point de vue de leur *équivalence* vis-à-vis des corps simples ou composés : *ils représentent simplement la composition en poids de ces corps*, indépendamment de toute hypothèse sur leur constitution.

HCl dans le système des équivalents signifie que 1 gr. 003 d'hydrogène et 35 gr. 45 de chlore se combinent complètement pour former 36 gr. 453 d'un corps nommé acide chlorhydrique.

Les lois de Gay-Lussac permettent d'ailleurs de tirer des formules en équivalents une signification plus étendue par la notion des *équivalents en volume* qu'on peut déduire de ces lois.

Puisque les volumes des corps simples gazeux qui se combinent sont dans un rapport très simple, il en résulte que les volumes représentés par les équivalents en poids seront eux-mêmes dans un rapport très simple, car les équivalents en poids sont des multiples simples des poids des éléments entrant en combinaison.

On appelle équivalent en volume d'un corps gazeux simple ou composé, le volume occupé par l'équivalent en poids de ce corps, quand on prend pour unité de volume la moitié du volume occupé par un poids d'hydrogène égal à 1 gr., soit 5 litr. 58.

D'après l'énoncé des lois de Gay-Lussac, les équivalents en volume ainsi définis doivent être des nombres très simples : en effet, lorsqu'on les détermine, on les trouve tous égaux à 1, 2 ou 4.

Cette détermination se ramène d'ailleurs à la mesure de la densité du corps à l'état gazeux. Considérons en effet un corps gazeux de densité d par rapport à l'air et dont l'équivalent en poids est E. Ce poids E occupera à 0° et 760 millimètres de pression, un volume V défini par l'équation :

$$E = V \times d \times 1 \text{ gr. } 293$$

V étant exprimé en litres et 1 gr. 293 étant le poids du litre d'air à 0° et 760 millimètres.

Dans les mêmes conditions, l'équivalent en poids de l'hydrogène qui est égal à 1 gramme occupera (sa densité étant égale à 0,0695) un volume V' défini par l'équation :

$$1 = V' \times 0{,}0695 \times 1{,}293$$

Or, par définition l'équivalent en volume v du corps est égal à $\frac{V}{\frac{V'}{2}}$; on aura donc :

$$v = \frac{\frac{E}{d \times 1.293}}{\frac{1}{2 \times 0,0695 \times 1,293}} = 2E \times \frac{0,0695}{d}$$

Si l'on désigne par δ le rapport $\frac{d}{0,0695}$ qui représente la densité du gaz considéré par rapport à l'hydrogène, on obtient :

$$v = \frac{2E}{\delta}$$

D'où l'on déduit les règles suivantes :

L'équivalent en volume d'un corps est égal au double de son équivalent en poids, divisé par sa densité par rapport à l'hydrogène.

La densité d'un gaz par rapport à l'hydrogène est égale au double de son équivalent en poids, divisé par son équivalent en volume.

Cette densité, appelée *densité théorique*, s'écarte en général légèrement de la densité expérimentale et cela d'autant plus que le gaz est plus près de son point de liquéfaction ; cela tient à ce que, dans les équations précédentes, nous avons admis implicitement que les gaz suivaient rigoureusement la loi $PV = RT$ (puisque nous avons considéré les corps gazeux à 0° et 760 millimètres) alors que, dans la plupart des cas, ce n'est qu'à des températures très élevées que les densités peuvent être mesurées, les corps étant liquides ou même solides à la température ordinaire. On suppose toujours quand on parle d'équivalent en volume que ces conditions sont remplies et que le gaz considéré peut être assimilé à un gaz parfait, sans quoi le terme d'équivalent en volume n'a aucune signification expérimentale et sert seulement à faciliter le langage chimique. En pratique les gaz ne suivant pas exactement les lois de Mariotte et de Gay-Lussac, on ne trouve pas exactement 1, 2 ou 4 comme équivalents en volume, mais des nombres voisins.

Il y a lieu enfin de remarquer que pour que la formule d'un corps permette de trouver sa densité théorique, il est nécessaire de connaître deux données : son équivalent en poids et son équivalent en volume ; nous allons voir que dans le système dit des poids atomiques la connaissance des nombres proportionnels représentés par les symboles suffit pour déduire immédiatement la densité des corps à l'état gazeux.

17. Système dit « des poids atomiques ». — Il est en effet facile, moyennant une convention très simple, de faire représenter aux formules, non seulement la composition en poids des corps, mais encore leur densité par rapport à l'hydrogène : c'est cette convention qui constitue le principe du système dit « *des poids atomiques* ».

Dans ce système, on attribue aux symboles des corps simples un poids, multiple de l'équivalent en poids, et appelé « *poids atomique* », tel que les poids des composés définis représentés par les formules écrites avec ces symboles occupent tous le même volume à l'état gazeux à 0° et 760 millimètres : il est évident alors que les densités sont proportionnelles aux nombres exprimant les poids représentés par les formules des corps considérés.

Voici comment on arrive à déterminer, dans ce but les « *poids atomiques* » des corps simples.

On part des *composés définis* que l'on peut obtenir à l'état gazeux, et l'on détermine pour chacun d'eux un nombre désigné sous le nom de « *poids moléculaires* » défini comme il suit :

Le poids moléculaire d'un composé défini, pouvant prendre l'état gazeux, est égal au poids de ce corps qui, à l'état de gaz, occupe le même volume qu'un poids d'hydrogène égal à 2 grammes, à 0° et 760 millimètres, soit 22 litr. 32.

L'unité de volume adoptée dans le système dit « des poids atomiques » est le volume occupé par 1 gramme d'hydrogène, soit 11 litr. 16 : *cette unité est donc le double de celle des équivalents en volume* Le volume occupé par le poids moléculaire ou « *volume moléculaire* » est donc uniformément égal pour tous les composés définis à 2 volumes, soit 22 litr. 32. Si l'on appelle P_m le poids moléculaire, V_m le volume moléculaire et d la densité par rapport à l'air d'un même corps composé, on a évidemment la relation :

$$P_m = V_m \times d \times 1 \text{ gr. } 293$$

Or, ce volume V_m étant par définition égal à celui de 2 grammes d'hydrogène, on a de même :

$$2 \text{ grammes} = V_m \times 0{,}0695 \times 1.293$$

d'où, en divisant membre à membre

$$\frac{P_m}{2} = \frac{d}{0{,}0695}$$

d'où

$$P_m = d \times \frac{2}{0{,}0695} = d \times 28{,}78$$

Le poids moléculaire d'un composé gazeux est donc égal au produit de sa densité rapportée à l'air, par le nombre 28,78.

On en déduit cette autre conséquence :

La densité d'un corps à l'état gazeux rapportée à l'hydrogène est égale à la moitié de son poids moléculaire.

Les poids moléculaires ainsi définis sont forcément un multiple simple des équivalents en poids. En effet, d'après les lois de Gay-Lussac sur les volumes des combinaisons gazeuses, l'équivalent en poids occupe le même volume que $\frac{1}{2}$, 1 ou 2 grammes d'hydrogène, suivant que l'équivalent en volume correspondant est 1, 2 ou 4 ; comme le poids moléculaire occupe le même volume que 2 grammes d'hydrogène, il est donc quadruple, double ou égal à l'équivalent en poids.

Ainsi, par exemple, la densité de la vapeur d'eau fournie par l'expérience est égale à 0,622 par rapport à l'air. Multiplié par 28,78 ce nombre donne le produit 17,90 qui est sensiblement le double de l'équivalent en poids de l'eau 9 (1 d'hydrogène combiné à 8 d'oxygène). Il n'y a pas proportionnalité exacte pour la raison qui a été indiquée à propos des équivalents en volume : elle ne serait réalisée que pour des corps à l'état de gaz parfaits. Il faut également pour que le poids moléculaire puisse être obtenu au moyen de la densité, que le corps à l'état gazeux soit réellement un composé défini, et non un mélange à proportions variables du composé et de ses composants, ce qui arrive fréquemment par suite de la dissociation plus ou moins avancée de la vapeur.

Pour les corps composés non gazéifiables, on détermine le poids moléculaire en se basant sur des propriétés spéciales, vérifiées sur des corps à poids moléculaires obtenus d'autre part au moyen de la mesure directe des densités de vapeur : la plus usitée est l'abaissement du point de congélation des dissolutions salines ou *loi de Raoult*. Si l'on appelle p le poids d'une substance de poids moléculaire x, dissoute dans un poids P d'un liquide, et Δ l'abaissement du point de congélation du liquide, produit par la présence du corps dissous, on a en effet la relation établie par le chimiste français Raoult :

$$\Delta = C \times \frac{p}{P.x}$$

C étant une constante qui ne dépend que de la nature du liquide et qu'on détermine au préalable avec un corps de poids moléculaire connu. Ce procédé ne réussit d'ailleurs bien qu'avec les substances organiques et est inapplicable aux dissolutions dans l'eau des substances minérales, comme nous le verrons plus loin (82).

Quand on a déterminé ainsi par un procédé quelconque les poids moléculaires de tous les composés gazeux, on fixe le *poids atomique* des éléments ou corps simples d'après la convention suivante :

Le poids atomique d'un élément est la plus petite quantité de ce corps qui entre dans le poids moléculaire d'un composé quelconque.

Pour obtenir le poids atomique d'un élément déterminé, on dresse donc la liste de tous les composés connus contenant cet élément, et dont on a pu déterminer le poids moléculaire : le poids atomique de l'élément considéré sera la valeur la plus petite des poids de cet élément contenus dans tous ces poids moléculaires. Le poids atomique d'un élément n'est donc pas connu d'une façon absolue et est sujet à révision, tandis que les poids moléculaires des composés qui, à l'état de gaz ne s'écartent que peu de la loi de Mariotte, sont fixés d'une façon définitive. Pratiquement, par suite du grand nombre de composés connus et en se basant sur des analogies, il y a une très grande probabilité pour que les poids atomiques déduits du tableau des composés connus soient bien la plus petite quantité de chaque élément pouvant entrer dans un composé quelconque.

Dans les cas, fort nombreux pour les métaux, où un élément ne forme pas de composé gazeux dont la densité puisse être déterminée avec quelque exactitude, on ne peut pas déduire son poids atomique du poids moléculaire des composés gazeux et l'on est fort incertain pour choisir entre les différents multiples auxquels conduit l'analyse centésimale des corps composés : cette incertitude diminue en réalité beaucoup la supériorité du système des poids atomiques sur celui des poids équivalents dans le domaine de la chimie minérale.

Lorsque le poids atomique d'un élément ne peut être fixé par la mesure des densités gazeuses des composés où il entre, ou par la loi de Raoult, on le détermine au moyen de la loi empirique suivante :

18. Loi de Dulong et Petit. — *Le produit de la chaleur spécifique des éléments solides par leur poids atomique, ou chaleur spécifique atomique, est un nombre sensiblement constant et égal à environ 6,4.*

Cette loi énoncée en 1819 ne peut pas être rigoureusement

exacte, car la chaleur spécifique varie toujours plus ou moins avec la température, et en fait on constate des divergences assez grandes. La chaleur spécifique atomique ne varie il est vrai pour beaucoup de corps simples solides que de 6,8 (iode) à 5,3 (phosphore rouge); mais il faut mettre de côté le carbone, le silicium et le bore dont la chaleur spécifique atomique s'écarte énormément de la moyenne 6,4 suivant l'état (cristallisé ou amorphe) du corps, et surtout suivant la température : c'est ainsi que pour le carbone (diamant) la chaleur spécifique atomique est de 0,76 à —50°, 1,35 à + 10°, 3,42 à 200° et 5,4 à 800°, sans que d'ailleurs elle paraisse tendre aux hautes températures vers une limite fixe.

Pour les corps simples gazeux, la chaleur spécifique moléculaire à pression constante n'a une valeur sensiblement la même que pour certains groupes de corps simples : elle est en moyenne (entre 0° et 200°) de 6,83 pour les gaz hydrogène, oxygène et azote, de 8,6 pour le chlore, le brome et l'iode, de 5,0 pour l'argon, l'hélium et les vapeurs de mercure, zinc, cadmium, enfin de 13,4 pour les vapeurs de phosphore et d'arsenic.

Bien que la loi de Dulong et Petit ne soit qu'approchée, elle a été cependant d'une assez grande utilité pour la détermination des poids atomiques, car il ne s'agit en somme pour fixer ceux-ci que de choisir entre les différents multiples du nombre proportionnel donné par l'analyse directe.

Enfin, lorsque l'on ne peut s'appuyer sur aucune des règles précédentes, on a recours à l'isomorphisme des composés cristallisés et l'on prend pour poids atomique du corps celui qui peut remplacer complètement le poids atomique d'un autre dont on connaît ce poids.

On constate que les poids atomiques déterminés par un quelconque de ces procédés, sont *égaux* aux poids équivalents ou le *double* de ces poids.

On constate en outre que les poids moléculaires des corps simples sont généralement le double des poids atomiques ainsi fixés : il est égal au poids atomique pour l'argon, le mercure, etc., il en est le quadruple pour le phosphore et l'arsenic. C'est pour ce motif que l'on attribue conventionnellement au poids moléculaire de l'hydrogène la valeur 2 grammes de façon à n'avoir pas de nombre fractionnaire pour exprimer son poids atomique, qui est ainsi égal à 1 gramme.

19. Tableau des nombres proportionnels. — Le tableau suivant donne la liste des corps simples, actuellement connus et admis sans contestation comme éléments, avec la valeur correspondante la plus probable de leurs poids équivalents et de leurs poids atomiques [1].

1. En prenant pour base O = 16, d'après les chiffres admis par la Commission chargée en 1898 par la Société chimique de Berlin de fixer les poids atomiques pour les usages pratiques (*Berichte der deutschen chemischen gesellschaft,* Ann. 1898, t. XXXI, p. 2762).

Noms des corps simples	Symboles	Equivalents	Poids atomiques	Auteurs et dates de la découverte
Aluminium ..	Al	13,55	27,1	Composés connus de toute antiquité ; métal : *Wœhler*, 1827.
Antimoine...	Sb	120,0	120,0	Connu des anciens.
Argent.......	Ag	107,93	107,93	Connu des anciens.
Argon ?......	Ar	?	40,0	*Rayleigh* et *Ramsay*, 1895.
Arsenic......	As	75,0	75,0	Connu des anciens alchimistes.
Azote.........	Az ou N [1]	14,04	14,04	*Priestley*, 1774. Sel ammoniac connu des anciens ; salpêtre distingué vers le XIIe siècle.
Baryum......	Ba	68,7	137,4	Sels distingués au XVIIIe siècle : *Scheele*, 1774 ; métal isolé par *H. Davy*, 1807.
Bismuth......	Bi	208,5	208,5	Connu depuis le XVe siècle.
Bore..........	B	11,1	11,0	Borax connu au XVIe siècle. *Gay-Lussac* et *Thenard*, 1809.
Brome........	Br	79,96	79,96	*Balard*, 1826.
Cadmium.....	Cd	56,0	112,0	*Stromeyer*. 1817.
Cæsium......	Cs	133,0	133,0	*Kirchoff* et *Bunsen*. 1861.
Calcium......	Ca	20,0	40,0	Composés connus de toute antiquité ; métal, *H. Davy*, 1807.
Carbone......	C	6,0	12,0	Connu des anciens.
Cérium.......	Ce	70,0	140,0	*Berzélius* et *Hisinger*, 1803.
Chlore........	Cl	35,45	35,45	Sel marin connu de toute antiquité ; métalloïde découvert par *Scheele*, 1774.
Chrome......	Cr	26,05	52,1	*Vauquelin*, 1797.
Cobalt........	Co	29,5	59,0	Couleur antique : métal connu au moyen-âge.
Cuivre........	Cu	31,8	63,6	Connu des anciens.
Erbium ?.....	Er	83,0	166,0	*Mosander*, 1843.
Etain..........	Sn	59,2	118,5	Connu des anciens.
Fer...........	Fe	28,0	56,0	Connu des anciens.
Fluor.........	Fl	19,0	19,0	Acide fluorhydrique, *Scheele*, 1786. Fluor isolé par *Moissan*, 1886.

1. Du mot Nitrogène.

Noms des corps simples	Symboles	Equivalents	Poids atomiques	Auteurs et dates de la découverte
Gallium.......	Ga	35,0	70,0	*Lecoq de Boisbaudran*, 1875.
Germanium..	Ge	36,0	72,0	*Winkler*, 1885.
Glucinium...	Gl ou Be	4,5	9,1	Glucine *Vauquelin*, 1798 ; métal *Wœhler*, 1828.
Hélium?......	He	?	4,0	*Ramsay*, 1895. Raie du spectre signalée antérieurement par *Lockyer*.
Hydrogène...	H	1,01	1,01	Isolé au XVIIe siècle.
Indium.......	In	57,0	114,0	*Reich* et *Richter*, 1863.
Iode..........	I	126,85	126,85	*Courtois*, 1811.
Iridium.......	Ir	96,5	193,0	*Tennant* et *Collet-Descotil*, 1803.
Lanthane....	La	69,0	138,0	*Mosander*, 1839.
Lithium......	Li	7,03	7,03	Lithine *Arfwedson*, 1817.
Magnésium..	Mg	12,18	24,36	Sels de magnésie distingués au XVIIIe siècle ; métal *Bussy*, 1828.
Manganèse...	Mn	27,5	55,0	Magnésie noire des anciens (MnO^2) ; distingué par *Scheele*, 1774.
Mercure......	Hg	100,15	200,3	Connu des anciens vers le Ve siècle avant J.-C.
Molybdène...	Mo	48.0	96,0	*Scheele*, 1778.
Néodyme?...	Ne	72,0	144,0	*Auer von Welsbach*, 1886.
Nickel........	Ni	29,35	58,7	*Cronstedt*, 1751.
Niobium.....	Nb	47,0	94,0	*H. Rose*, 1844.
Or............	Au	98,6	197,2	Connu des anciens.
Osmium......	Os	95,5	191,0	*Tennant*, 1803.
Oxygène.....	O	8,0	16.0	*Priestley*, 1774.
Palladium....	Pd	53,0	106,0	*Wollaston*, 1803.
Phosphore...	P	31,0	31,0	*Brandt*, 1677.
Platine.......	Pt	97,4	194,8	Importé d'Amérique, vers 1740.
Plomb........	Pb	103,45	206,9	Connu des anciens.
Potassium...	K	39,15	39,15	Potasse et carbonate de potasse connus des anciens; métal isolé par *H. Davy*, 1807.
Praséodyme?	Pr	70,0	140,0	*Auer von Welsbach*, 1886.

Noms des corps simples	Symboles	Equivalents	Poids atomiques	Auteurs et dates de la découverte
Rhodium.....	Rh	51,5	103,0	*Wollaston*, 1804.
Rubidium....	Rb	85,4	85,4	*Kirchoff* et *Bunsen*, 1861.
Ruthénium...	Ru	50,8	101,7	*Claus*, 1845.
Samarium ?...	Sa	75,0	150,0	*Delafontaine*, 1878.
Scandium....	Sc	22,0	44,1	*Nilson*, 1880.
Sélénium.....	Se	39,5	79,1	*Berzélius*, 1817.
Silicium.....	Si	14,2	28,4	Silice connue de toute antiquité (cristal de roche) ; silicium isolé par *Berzélius*, 1823.
Sodium.......	Na	23,05	23,05	Sel marin et natron connus de toute antiquité ; métal, *H. Davy*, 1807.
Soufre........	S	16,03	32,06	Connu de toute antiquité.
Strontium....	Sr	43,8	87,6	Strontiane *Crawford*, 1790.
Tantale......	Ta	91,5	183,0	*Hatchett*, 1801.
Tellure......	Te	63,5	127,0	*Müller*, 1782.
Thallium.....	Tl	204,1	204,1	*Crookes*, 1862.
Thorium.....	Th	116,0	232,0	*Berzélius*, 1828.
Titane........	Ti	24,05	48,1	*Gregor*, 1791.
Tungstène...	Tu ou W [1]	92,00	184,0	*Scheele*, 1780.
Uranium.....	U	60,0	239,5	Sels *Klaproth*, 1789 ; métal, *Peligot*, 1841.
Vanadium....	V	51,2	51,2	*Sefström*, 1830.
Ytterbium....	Yb	86,5	173,0	*Marignac*, 1880.
Yttrium......	Y	44,5	89,0	*Gadolin*, 1794.
Zinc..........	Zn	32,7	65,4	Calamine et laiton connus des anciens ; métal préparé en Chine dans les temps modernes.
Zirconium...	Zr	45,3	90,6	Zircone, *Klaproth*, 1789 ; zirconium, *Berzélius*, 1847.

1. De Wolfram, minerai du tungstène.

CHAPITRE III

HYPOTHÈSES SUR LA NATURE DES CORPS SIMPLES
ET CLASSIFICATION DES ÉLÉMENTS

20. Théorie atomique. — On a vu que le système dit « des poids atomiques » repose, comme le système dit « des poids équivalents », uniquement sur des conventions indépendantes de la constitution de la matière. Il ne faut donc pas le confondre, comme on le fait souvent à tort, avec la *théorie atomique* qui en partant d'hypothèses sur la constitution de la matière, est arrivée à donner à l'expression de « molécules », non plus seulement la signification du poids moléculaire, proportionnel à la densité du corps à l'état gazeux, mais encore un sens spécial, indépendant des définitions d'où nous sommes partis pour établir la notation atomique : en sorte que l'on peut adopter cette dernière, tout en rejetant la théorie atomique à raison même du caractère des spéculations sur lesquelles elle est basée.

La théorie atomique repose sur les deux hypothèses suivantes :

1° *Tous les corps sont formés par la réunion de particules très-petites identiques entre elles appelés molécules, qui constituent la plus petite quantité d'un corps pouvant exister à l'état libre.*

2° *A l'état de gaz parfaits, tous les corps contiennent, sous le même volume, le même nombre de molécules.*

La première de cette hypothèse remonte en substance à la philosophie épicurienne ; la seconde a été émise en 1811 par Avogadro, en Italie, et en 1814 par Ampère, en France, pour expliquer la loi de Mariotte-Gay-Lussac $PV = PoVo (1 + \alpha t)$, d'après laquelle tous les gaz ont la même compressibilité et le même coefficient de dilatation.

Avec ces deux hypothèses, les poids d'un même volume de tous les gaz sont évidemment proportionnels au poids même d'une des molécules de chaque gaz ; or comme les poids de volumes égaux de gaz sont proportionnels aux densités de ces gaz, le poids de la molécule d'un gaz ou *poids moléculaire* de ce gaz est proportionnel à sa densité. Avec cette théorie, la molécule représente donc un poids, le poids moléculaire, en second lieu un volume, et en outre la molécule *physique* c'est-à-dire la plus petite quantité du corps pouvant exister à l'état libre.

La molécule d'un corps composé contient des poids des différents corps simples que l'on peut déterminer par l'analyse de ce corps composé. En dressant la liste de tous les corps composés qui contiennent un même élément, on constate que le poids le plus faible de cet élément entrant en combinaison est en général un sous-multiple du poids de la molécule de cet élément, déterminé par les considérations précédentes. On en conclut que les actions chimiques sont capables de pousser la division de la matière plus loin que les actions physiques, et que lorsque la molécule d'un corps simple entre en combinaison, elle se désagrège en un certain nombre d'*atomes* identiques qui s'associent aux atomes du ou des autres corps simples avec lesquels la combinaison s'effectue, pour produire une ou plusieurs molécules du composé.

L'atome d'un corps simple est donc la plus petite quantité de ce corps dans laquelle sa molécule physique peut être subdivisée par les actions chimiques : son poids sera le *poids atomique* du corps considéré, et l'on obtiendra sa valeur ou tout au moins une limite supérieure, en prenant la plus petite quantité de ce corps entrant dans la molécule de tous les composés connus qui le contiennent. Les molécules des corps composés sont formées par l'agrégation d'un certain nombre d'atomes, dont deux au moins sont différents, les molécules des corps simples, par la réunion d'un certain nombre d'atomes identiques. En général le poids moléculaire d'un corps simple étant double du poids atomique déterminé d'après l'hypothèse précédente, on en conclut que les molécules des corps simples sont formées par la réunion de deux atomes, ou *diatomiques* ; certaines molécules ne contiennent qu'un atome (argon, mercure, zinc, cadmium) et sont *monoatomiques*, quelques-unes enfin contiennent quatre atomes et sont dites *tétratomiques* (phosphore, arsenic).

La théorie atomique rend évidentes la loi des proportions définies et celle des proportions multiples ; mais comme elle ne repose sur aucune observation directe, on doit la considérer comme une conception purement métaphysique qui a d'ailleurs joué un rôle considérable dans les progrès de la chimie organique ; elle est aussi très-précieuse pour la coordination des faits et permet encore, grâce à la notion de la *valence* des atomes, de prévoir les combinaisons auxquelles peuvent se prêter les éléments ainsi que certains groupes d'éléments appelés *radicaux*.

21. Valence; loi des substitutions; radicaux. — En examinant les combinaisons d'un même corps simple avec les autres éléments, on est amené à étudier combien chaque atome d'un même élément peut fixer d'atomes d'un autre élément, c'est-à-dire sa capacité de combinaison, désignée par le terme de *valence* : nous allons voir que cette capacité, sans être absolument fixe pour tous les corps simples, est assez peu variable pour constituer une propriété chimique très-importante des éléments.

Si l'on prend pour terme de comparaison l'hydrogène par exemple, on constate en effet que :

1	atome	de chlore fixe au maximum	1	atome d'hydrogène		(HCl)
1	»	d'oxygène	»	2 atomes	»	(H^2O)
1	»	d'azote	»	3 »	»	(Az H^3)
1	»	de carbone	»	4 »	»	(CH^4)

On exprime ce fait en disant que le chlore est *univalent* ou *monovalent*, l'oxygène *divalent* ou *bivalent*, l'azote *trivalent*, le carbone *quadrivalent* ou *tétravalent*.

Deux atomes de même valence peuvent se remplacer mutuellement dans le même composé ; c'est ainsi que si l'on fait agir le chlore sur le méthane CH^4, corps où le carbone est saturé d'hydrogène, on obtient successivement le déplacement de chaque atome d'hydrogène par un atome de chlore conformément aux équations :

$$CH^4 + Cl^2 = CH^3 Cl + HCl$$
$$CH^3 Cl + Cl^2 = CH^2 Cl^2 + HCl$$
$$CH^2 Cl^2 + Cl^2 = CH Cl^3 + HCl$$
$$CH Cl^3 + Cl^2 = CCl^4 + HCl$$

De même on peut remplacer successivement dans l'acide acétique $C^2 H^3 O . OH$, un, deux ou trois atomes d'hydrogène du groupe $C^2 H^3 O$ par le chlore.

Ce fait qui est général et trouve d'innombrables vérifications dans les composés du carbone a été formulé de la manière suivante par Dumas, sous le nom de *loi des substitutions* :

Quand un corps hydrogéné est soumis à l'action déshydrogénante du chlore, du brome, de l'iode, pour chaque atome d'hydrogène qu'il perd, il gagne un atome de chlore, de brome, d'iode.

C'est cette loi qui est l'origine de la notion de valence ; celle-ci s'est ainsi introduite en chimie minérale à la suite des études des composés de la chimie organique. Dumas avait en outre remarqué que les propriétés générales des composés organiques n'étaient pas sensiblement modifiées par ces substitutions, malgré le rôle si différent de l'hydrogène et des métalloïdes de la famille du chlore ; le trichloracétate d'argent par exemple $C^2 Cl^3 O . OAg$ est absolument semblable à l'acétate $C^2 H^3 O . O Ag$; le chlore s'y trouve dissimulé et ne donne pas les réactions habituelles des chlorures, et en revanche le type de l'acétate n'a pas été altéré. C'est ainsi que la loi des substitutions a donné également naissance à la théorie des *types* due à Laurent et Gerhardt, dans laquelle on rapporte tous les composés à quatre types fondamentaux, l'hydrogène, l'eau, l'ammoniaque et le méthane, que l'on représente ainsi :

$$\left.\begin{matrix} H \\ H \end{matrix}\right| \qquad \left.\begin{matrix} H \\ H \end{matrix}\right| O \qquad Az \left|\begin{matrix} H \\ H \\ H \end{matrix}\right. \qquad C \left|\begin{matrix} H \\ H \\ H \\ H \end{matrix}\right.$$

et d'où l'on fait dériver tous les corps par substitution à l'hydrogène de corps simples ou groupes de corps simples, en observant les règles déduites des considérations suivantes.

La valence des atomes par rapport à l'hydrogène reste en général la même par rapport à d'autres éléments : ainsi en comparant la capacité de combinaison des atomes d'oxygène, d'azote et de carbone avec le chlore, monovalent comme l'hydrogène, on constate que l'oxygène est encore divalent ($Cl^2 O$), l'azote trivalent ($Az Cl^3$), le carbone tétravalent ($C Cl^4$). De plus un atome divalent peut remplacer deux atomes monovalents : c'est ainsi que le carbone se combine avec deux atomes au maximum d'oxygène pour donner CO^2, ou avec

1 atome d'oxygène plus 2 atomes de chlore pour donner $CO\,Cl^2$.

Dans certains cas cependant la valence d'un même corps simple change : ainsi l'azote qui est trivalent dans $Az\,H^3$ est pentavalent dans le chlorure d'ammonium AzH^4Cl et divalent dans le bioxyde d'azote AzO.

Néanmoins ces variations sont assez rares ou assez peu nombreuses pour que l'on puisse classer les éléments d'après leur valence ; voici ce classement pour les principaux corps simples :

Monovalents...	Hydrogène, fluor, chlore, brome, iode (ces deux derniers parfois trivalents'. Potassium, sodium, ammonium, argent.
Divalents.....	Oxygène, soufre (ce dernier quelquefois tétravalent). Baryum, calcium, magnésium, zinc, fer, manganèse, chrome, nickel, cobalt, cuivre, plomb, mercure (fer, chrome, manganèse souvent tétravalents).
Trivalents.....	Azote, phosphore, arsenic, antimoine (quelquefois pentavalents). Bore, aluminium. Or.
Tétravalents...	Carbone, silicium (le carbone quelquefois divalent). Etain, platine (quelquefois divalents).

La valence des atomes peut s'exprimer graphiquement par des traits en nombre égal au degré de leur valence, et les corps composés peuvent alors être représentés par des formules schématiques dites *formules de constitution*, dans laquelle on groupe les éléments en mettant en évidence la *saturation* réciproque des valences des atomes constituant la molécule. Voici, pour quelques corps, les formules ainsi établies :

Acide chlorhydrique................. $H - Cl$

Eau.................................... $H - O - H$

Ammoniac........................... $Az \begin{cases} /H \\ -H \\ \backslash H \end{cases}$

Méthane............................. $\begin{array}{c} H \\ | \\ H - C - H \\ | \\ H \end{array}$

Chlorure d'ammonium............... $\begin{matrix}H\\Cl\end{matrix}\rangle Az \langle\begin{matrix}H\\H\\H\end{matrix}$

On admet, avec le chimiste allemand Kekulé, que deux atomes identiques peuvent saturer totalement ou partiellement leurs valences disponibles :

1° Totalement ; c'est le cas des molécules des corps simples diatomiques :

$$H - H, \quad O = O, \quad Az \equiv Az, \quad C \equiv C$$

2° Partiellement ; on a alors des groupements ayant des valences disponibles, non *saturées*, et pouvant entrer en combinaison avec autant d'atomes monovalents qu'il reste de valences disponibles. On appelle *radicaux* ces groupements ayant une capacité de combinaison définie par le nombre de valences disponibles ; ainsi :

Le groupement — O — O — sera un radical divalent ;
» $= C = C =$ » tétravalent ;
» $\equiv C - C \equiv$ » hexavalent, etc.

On peut aussi en partant de groupes saturés obtenir par enlèvement d'un ou plusieurs atomes des résidus ou radicaux (réels ou hypothétiques suivant le cas) dont la valence se déduit du nombre de valences rendues disponibles par cette perte d'atomes ; ainsi en retirant de l'eau H — O — H un hydrogène, il restera un radical monovalent l'oxhydrile — OH qui peut se combiner avec un élément monovalent comme le potassium pour donner la potasse K — OH, ou divalent comme le baryum pour donner l'hydrate de baryte :

$$Ba\langle\begin{matrix}OH\\OH\end{matrix} \quad \text{ou} \quad Ba\,(OH)^2$$

De même, en retirant un atome d'hydrogène au méthane où le carbone est saturé par quatre atomes d'hydrogène, il reste :

$$\begin{matrix} & | & \\ H - & C & - H \\ & | & \\ & H & \end{matrix}$$

ou CH^3 radical monovalent, désigné sous le nom de méthyle qui est combiné à un atome de chlore dans le premier dérivé chloré du méthane, et est susceptible d'être substitué à un métal monovalent, par exemple dans la réaction :

$$CH^3 - Cl + KOH = CH^3 - OH + KCl$$

En retirant de même 2H de CH^4 on obtient le radical divalent CH^2, en en retirant trois, le radical trivalent CH.

22. Formules de constitution ; carbone asymétrique et formules stéréochimiques. — En chimie organique, on fait un usage constant de ces radicaux dans les formules dites *de constitution* où l'on met en évidence les valences des radicaux et des éléments contribuant à la formation des composés. Les formules basées sur la théorie des types ont été généralement abandonnées, et les différents composés, divisés en classes d'après l'ensemble de leurs propriétés ou *fonctions chimiques*, sont rattachés à la classe à laquelle ils appartiennent par la mise en évidence d'un radical spécial à cette classe ou *groupement fonctionnel ;* c'est ainsi, par exemple, que le groupement fonctionnel des acides organiques étant le groupe COOH monovalent, l'acide acétique dont la formule brute est $C^2H^4O^2$ s'écrira :

$$CH^3 - COOH$$

Au lieu de figurer les valences du carbone par quatre traits situés dans un même plan, on peut les représenter dans l'espace (fig. 8) par quatre lignes faisant entre elles deux à deux des angles égaux et formant par suite les quatre bissectrices d'un tétraèdre régulier dont l'atome de carbone représenterait le centre *o* ; les éléments ou groupes d'éléments saturant les valences de l'atome de carbone sont alors figurés par les quatre sommets ABCD du tétraèdre.

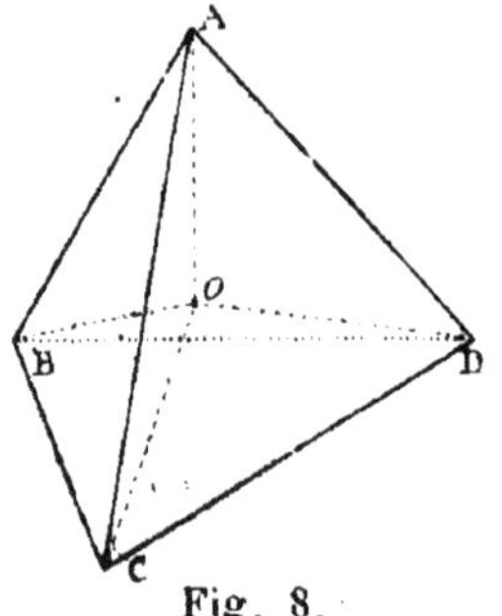

Fig. 8.

Cette représentation, imaginée simultanément par le chimiste hollandais Van t'Hoff et par le chimiste français Le Bel, présente cette particularité remarquable qu'elle coïncide avec les propriétés optiques des composés du carbone et permet de les prévoir. Un très grand nombre de composés organiques sont doués d'un pouvoir rotatoire sur la lumière polarisée[1]; d'autres n'en possèdent point et souvent, parmi les nombreux isomères d'un même corps comme la térébenthine, les uns en sont doués et les autres pas.

Pour les corps organiques dont la formule de constitution est nettement connue, c'est-à-dire pour lesquels on sait comment sont saturées les valences de tous les atomes de carbone qu'ils renferment, on a constaté que les seuls qui ont une action sur la lumière polarisée sont ceux dans lesquels un atome de carbone au moins a ses quatre valences saturées par des groupes différents. C'est ce que rend évident la représentation tétraédrique de l'atome de carbone, si l'on admet avec Pasteur que le pouvoir rotatoire doit résulter d'un groupement asymétrique dans la molécule du corps : on voit en effet que si les quatre radicaux placés aux sommets ABCD du tétraèdre sont différents, il n'existe pas de plan de symétrie dans la molécule du corps; si au contraire deux quelconques de ces radicaux sont identiques, la molécule admet comme plan de symétrie le plan perpendiculaire au milieu de l'arête qui joint les deux sommets où sont placés ces radicaux.

Réciproquement, on peut au moyen de la représentation dans l'espace d'un

1. Nous rappellerons ce qu'on entend par *pouvoir rotatoire d'un corps*. Lorsqu'on fait tomber un rayon de lumière sur une plaque de verre noir faisant avec le rayon un angle de 35° 23', le rayon réfléchi acquiert des propriétés spéciales; si par exemple, on le fait tomber sous le même angle sur une seconde plaque de verre noir perpendiculaire à la première, il ne se réfléchit plus. Il se réfléchit partiellement si les deux plans font entre eux un angle inférieur à 90° et l'intensité du rayon réfléchi croît quand cet angle diminue; elle est maxima lorsque l'angle est nul. On dit que le rayon réfléchi sur la première face est polarisé, et son plan de réflexion est en même temps son plan de polarisation.

Si devant le second miroir placé pour l'extinction on interpose certains corps, tels que la térébenthine, une dissolution de sucre dans l'eau, etc., on constate que le rayon n'est plus éteint après sa deuxième réflexion, et il faut faire tourner le second miroir d'un certain angle autour du rayon polarisé par sa première réflexion, pour ramener l'extinction; suivant les corps interposés, cette rotation doit être effectuée, soit dans un sens, soit en sens opposé. L'interposition du corps organique a donc dévié le plan de polarisation du rayon. Les corps ayant une semblable propriété sont dits doués du pouvoir rotatoire ou *actifs* sur la lumière polarisée; ceux qui n'en sont pas doués sont dits *inactifs*. La déviation du plan de polarisation dépend d'un certain nombre de facteurs. On appelle *pouvoir rotatoire spécifique* d'une substance dissoute, pour la lumière émise par la raie D du spectre du sodium, la rotation imprimée au plan de polarisation par une dissolution contenant 1 gramme de substance active par décilitre, et observée dans un tube de 1 décimètre de longueur; on le représente par $[\alpha]_D$ et son expression est :

$$[\alpha]_D = \frac{Rv}{lp}$$

où R est la rotation observée avec une colonne liquide de l décimètres de longueur, v le volume et p le poids de la substance dissoute.

composé organique déterminer parmi tous les isomères possibles ceux qui admettent au moins un *carbone asymétrique* et en déduire par conséquent le nombre des isomères doués du pouvoir rotatoire : l'expérience a toujours confirmé ces déductions géométriques [1]. Les représentations dans l'espace des composés du carbone constituent les *formules stéréochimiques* très usitées actuellement dans l'étude des substances organiques.

23. Classification de Lavoisier. — Avant Lavoisier, les idées des chimistes sur la nature des corps différaient peu de celles des philosophes grecs, et l'on admettait d'une façon plus ou moins explicite que tous les corps de la nature étaient formés de trois ou quatre éléments. Lavoisier [2], posant en principe que « l'on ne doit procéder jamais que du connu à l'inconnu » déclare que « si par le nom d'éléments, nous entendons désigner « les molécules simples et indivisibles qui composent les corps, il est probable que nous ne les connaissons pas : que si au contraire nous attachons « au nom d'éléments ou de principes des corps l'idée du dernier terme « auquel parvient l'analyse, toutes les substances que nous n'avons encore « pu décomposer par aucun moyen, sont pour nous des éléments ; non pas « que nous puissions assurer que ces corps que nous regardons comme simples, ne soient pas eux-mêmes composés de deux ou même d'un plus « grand nombre de principes ; mais puisque ces principes ne se séparent « jamais, ou plutôt puisque nous n'avons aucun moyen de les séparer, ils « agissent à notre égard à la manière des corps simples, et nous ne devons « les supposer composés qu'au moment où l'expérience et l'observation nous « en auront fourni la preuve ».

Lavoisier range donc dans la catégorie des corps simples tous ceux que les forces chimiques avaient été impuissantes jusque-là à décomposer, en exceptant cependant les alcalis fixes, tels que la potasse et la soude « parce que, dit- « il, ces substances sont évidemment composées quoiqu'on ignore cependant « encore la nature des principes qui entrent dans leur combinaison » ; et bien qu'il y fasse figurer les *terres* (oxydes des métaux alcalino-terreux et terreux), il indique qu' « il est à présumer qu'elles cesseront bientôt d'être comptées au nombre des substances simples » en raison de leur indifférence pour l'oxygène qui le porte à conjecturer que ce sont « peut-être des oxydes métalliques oxygénés jusqu'à un certain point ».

Les substances simples sont classées par Lavoisier, en quatre familles sous les titres suivants :

1. Cf. « *Dix années dans l'histoire d'une théorie* », par J.-H. Van t'Hoff, Rotterdam, 1887.

2. *Traité élémentaire de Chimie*, tome I, Discours préliminaire, et 2e partie, p. 189 et suiv.

TABLEAU DES SUBSTANCES SIMPLES, D'APRÈS LAVOISIER

Substances simples qui appartiennent aux trois règnes et qu'on peut regarder comme les éléments des corps	Substances simples non métalliques, oxydables et acidifiables	Substances simples métalliques, oxydables et acidifiables		Substances simples, salifiables et terreuses
—	—	—		—
Lumière	Soufre	Antimoine	Manganèse	Chaux
Calorique	Phosphore	Argent	Mercure	Magnésie
Oxygène	Carbone	Arsenic	Molybdène	Baryte
Azote	Radical muriatique	Bismuth	Nickel	Alumine
Hydrogène	Radical fluorique	Cobalt	Or	Silice
	Radical boracique	Cuivre	Platine	
		Etain	Plomb	
		Fer	Tungstène	
			Zinc	

Le titre que Lavoisier donne à la première famille de son tableau montre que malgré son désir de ne jamais dépasser le terme atteint par l'expérience elle-même, il n'a pu renoncer à la conception philosophique d'un monde constitué par un très petit nombre de substances distinctes, qui semble si probable étant donné la parcimonie des moyens en jeu dans l'infinie variété des phénomènes naturels. On y voit aussi figurer la lumière et le calorique (chaleur), que l'on considérait encore du temps de Lavoisier, comme des substances matérielles faisant partie intégrante des corps. Les deux idées qui se dégagent en définitive de la classification de Lavoisier sont : en premier lieu, l'existence d'un très-petit nombre de corps simples d'une façon absolue, et d'un nombre beaucoup plus grand de corps simples relatifs, indécomposables par les procédés connus de son temps ; en second lieu, la répartition des substances simples en *non métalliques* et *métalliques*. C'est de chacune ces deux idées que découlent les systèmes de classification édifiés dans le siècle suivant.

24. Classification de Berzélius — La conception de substances simples relatives exige que les poids atomiques de ces corps présentent des rapports simples avec ceux des substances simples absolues. Berzélius, dont tous les efforts ont été consacrés à la détermination rigoureuse des équivalents des corps simples, confiant à juste titre dans la précision de ses résultats, et n'apercevant dans les poids équivalents des corps aucun rapport simple ou seulement des rapports fortuits, qui disparaissent même lorsqu'on apporte plus de rigueur dans leur détermination, se contenta de développer la classification des substances simples en non métalliques et métalliques, en envisageant chaque élément comme un être distinct ayant son individualité propre, sans lien avec les autres.

Berzélius appelle *métaux* tous les corps simples opaques et doués d'un vif éclat lorsqu'ils sont polis, se distinguant des autres éléments par une conductibilité marquée pour la chaleur et l'électricité, se portant au pôle négatif lorsqu'on électrolyse un de leurs composés, et formant avec l'oxygène au moins un composé jouant le rôle de *base*. Il appelle *métalloïdes* les corps simples dénués d'éclat métallique, conduisant mal la chaleur et l'électricité, se portant au pôle positif lorsqu'on électrolyse un de leurs composés, et capables de former avec l'oxygène au moins une combinaison jouant le rôle *acide*. Cette classification découle de la conception *dualistique* due à Lavoisier, d'après laquelle les sels métalliques résultent de la saturation d'une base par un acide.

A l'inverse de Berzelius, d'autres chimistes de son temps cherchaient au contraire à trouver dans la comparaison des poids équivalents des preuves en faveur de la réduction des substances réputées simples à un petit nombre d'éléments fondamentaux. Le chimiste anglais Prout, partisan d'une matière primordiale unique, émettait l'avis que l'équivalent de l'hydrogène étant pris pour unité ceux des corps simples les plus importants s'expriment généralement par des nombres entiers, le plus souvent peu élevés. D'autres savants faisaient en outre ressortir que les équivalents des corps ayant beaucoup d'analogie, étaient soit égaux (nickel et cobalt), soit multiples l'un de l'autre (oxygène et soufre), soit enfin la moyenne exacte des équivalents de deux autres corps analogues (strontium par exemple dont l'équivalent 44 est la moitié de la somme des équivalents du calcium 20, et du baryum 68).

25. Classification de Dumas. — Ce sont ces deux courants d'opinions distinctes qui ont poussé les chimistes à contrôler ou à préciser les poids équivalents donnés par Berzélius, en vue d'apporter de nouveaux arguments en faveur de l'une ou l'autre thèse, et qui ont notamment entraîné Dumas, reprenant les idées de Prout, à entreprendre une révision générale de la détermination des équivalents.

Des chiffres que lui fournissent ses expériences [1], Dumas conclut que les équivalents des corps simples sont des multiples par des nombres entiers soit de l'équivalent de l'hydrogène, soit de la moitié, soit enfin du quart de cet équivalent. Puis poussant plus loin qu'on ne l'avait fait jusqu'à lui la comparaison des propriétés générales et des équivalents des corps simples, il commence par grouper en familles naturelles les éléments, présentant par l'ensemble de leurs fonctions chimiques d'incontestables analogies, ces règles de classification étant basées sur les deux propositions suivantes :

1° *La classification naturelle des corps non métalliques est fondée sur les caractères des composés qu'ils forment avec l'hydrogène, sur le rapport en volumes des deux éléments qui se combinent et sur leur mode de condensation.*

2° *La classification naturelle des métaux et en général des corps qui ne s'unissent pas à l'hydrogène doit être fondée sur les caractères des composés qu'ils forment avec le chlore, et autant que possible sur le rapport en volume des deux éléments qui se combinent et sur leur mode de condensation.*

Sur la première règle, Dumas fonde le groupement des métalloïdes en cinq familles naturelles ou genres, encore unanimement adopté aujourd'hui avec de légères modifications :

1er genre. — Hydrogène.

2e genre. — Fluor, chlore, brome, iode.

3e genre. — Oxygène, soufre, sélénium, tellure (osmium).

4e genre. — Azote, phosphore, arsenic, antimoine (bismuth).

5e genre. — Bore, silicium, carbone.

Les corps y sont groupés comme on le voit d'après leur valence ; et il se trouve que pour les métalloïdes (sauf pour le 5e genre où le bore trivalent est rapproché du silicium et du carbone tétravalent à cause de l'ensemble des propriétés de ses composés), il y a coïncidence complète entre la classification d'après la valence et les rapprochements basés sur les analogies de

1. Mémoire sur les équivalents des corps simples, par J. Dumas, *Ann. de Chim. et Phys.* 3e série, année 1859, t. LV, p. 129.

fonctions chimiques. Pour les métaux, ainsi que nous l'avons vu plus haut (21), il y a fréquemment discordance entre ces deux modes de classification, et le groupement en est beaucoup plus incertain ; aussi Dumas, s'est-il contenté pour ces éléments de quelques rapprochements incontestables comme celui du magnésium, du calcium, du strontium, du baryum et du plomb, qui forment une famille naturelle tout à fait comparable à celles des métalloïdes.

Enfin il effectue un rapprochement entre les familles naturelles des corps simples minéraux et les séries homologues des radicaux organiques. Il considère les deux séries suivantes de radicaux organiques :

Hydrogène	H	Equivalent =	1
Méthyle	C^2H^3	—	15
Ethyle	C^4H^5	—	29
Propyle	C^6H^7	—	43
Butyle	C^8H^9	—	57
etc...			
Ammonium	AzH^4	Equivalent =	18
Méthylammonium	$AzH^3(C^2H^3)$	—	32
Diméthylammonium	$AzH^2(C^2H^3)^2$	—	46
Diméthyléthylammonium	$AzH(C^2H^3)^2(C^4H^5)$	—	74
etc...			

L'équivalent des termes de la première série peut être représenté par la formule

$$a + nd$$

a étant l'équivalent du premier terme, *n* un nombre entier et *d* la différence constante (égale à 14) entre deux termes consécutifs.

L'équivalent des termes de la seconde série peut être représenté par la formule

$$a + nd + n'd'$$

a représentant de même l'équivalent du premier terme, *n* et *n'* des nombres entiers, *d* et *d'* des nombres constants (14 et 28).

Il prend ensuite les quatre familles suivantes de métalloïdes et métaux « réputés » simples :

I		II	
Fluor	19	Azote	14
Chlore	35,5	Phosphore	31
Brome	80	Arsenic	75
Iode	127	Antimoine	122

III		IV	
Magnésium	12	Oxygène	8
Calcium	20	Soufre	16
Strontium	43,75	Sélénium	39,75
Baryum	68,5	Tellure	64,5
Plomb	103,5	Osmium	99,5

Il remarque que, à de très faibles écarts près, la formule des termes de la famille I peut être représentée par :

$$19 + n \times 16.5 + n' \times 28 + n'' \times 19$$

la formule des termes de la famille II par :

$$14 + n \times 17 + n' \times 44$$

celle des termes de la famille III par :

$$n \times 12 + n' \times 8$$

enfin celle des termes de la famille IV par l'expression encore plus simple :

$$n \times 8$$

Il y a donc analogie complète entre les formules des séries homologues organiques et des familles naturelles minérales.

De plus la différence entre les termes correspondants des familles I et II, est constante et égale à 5 ; de même elle est constante et égale à 4 pour les termes correspondants des familles III et IV, tout comme dans les deux familles correspondantes en chimie organique :

Ammonium	18	Methyle	15
Méthylammonium	32	Ethyle	29
Ethylammonium	46	Propyle	43
Propylammonium	60, etc.	Buthyle	57, etc.

où cette différence est constante et égale à 3.

Dumas en conclut que « les radicaux de la chimie minérale, de même que « les radicaux de la chimie organique étant rangés quant aux poids de leurs « équivalents sur une même droite pour une même famille, se rangent sur « des droites parallèles pour deux familles comparables ». Une semblable analogie permet-elle d'affirmer que les corps réputés simples de la chimie minérale pourront être résolus en un petit nombre d'éléments simples comme les radicaux organiques, ainsi que Lavoisier semblait l'admettre dans sa classification ? L'expérience seule pourra l'apprendre ; au surplus, si la décomposition des corps réputés simples est jamais réalisée, « ce sera, pense Dumas, par l'emploi de forces ou de réactions que nous ne soupçonnons même pas. »

Il convient d'observer, ainsi que l'a fait remarquer M. Berthelot [1], qu'il existe en tout cas une différence fondamentale entre les séries homologues de la chimie organique et les familles naturelles des corps simples. Tandis que pour les corps simples la chaleur spécifique moléculaire (produit de la chaleur spécifique par le poids moléculaire) est une quantité constante d'après la loi de Dulong et Petit, au contraire les chaleurs spécifiques moléculaires des termes d'une même série homologue organique sont différentes les unes des autres et peuvent, comme les poids moléculaires eux-mêmes, s'exprimer par une formule :

$$c + nc'$$

1. *Mécanique Chimique*, tome I, p. 451.

c étant la chaleur spécifique moléculaire du premier terme de la série, n un nombre entier et c' la différence constante entre les chaleurs spécifiques moléculaires de deux termes consécutifs.

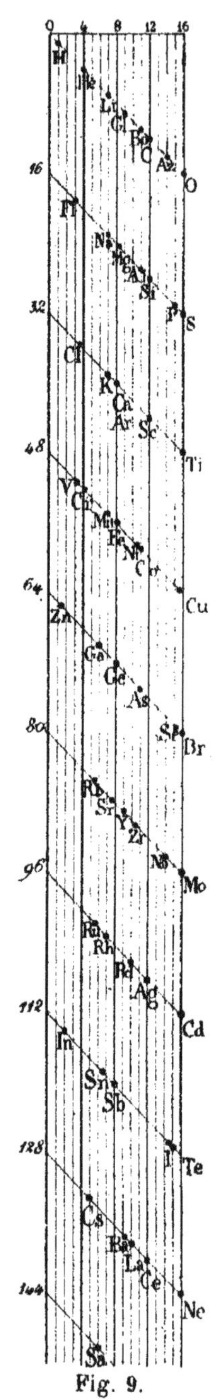

Fig. 9.

Quoi qu'on puisse penser des rapprochements indiqués par Dumas, leur existence n'est pas contestable et on les retrouve implicitement ou explicitement contenus dans les systèmes de classification proposés ultérieurement par de Chancourtois en France, Newlands en Angleterre, Mendeléeff en Russie, et Lothar-Meyer en Allemagne, qui sont tous basés sur la considération de la grandeur du poids atomique. Nous ne parlerons que du système de Chancourtois, parce qu'il est le premier en date, et de celui de Mendéléeff à cause de la notoriété qu'il a acquise sous le nom de *loi périodique*.

26. Classification de Chancourtois. — Voici en quoi consiste le système de Chancourtois présenté par lui à l'Académie des sciences, le 7 avril 1862, sous le nom de *vis tellurique* [1]. Chancourtois trace sur un cylindre droit à base circulaire une hélice coupant les génératrices à 45° ; chaque spire est divisée en 16 parties égales par autant de génératrices du cylindre, et l'on prend pour unité l'une de ces parties. On porte ensuite à partir de l'origine de la spire supérieure des longueurs proportionnelles aux poids atomiques des corps simples ; l'oxygène dont le poids atomique est 16, se trouve ainsi placé à l'extrémité de la spire supérieure sur la génératrice du cylindre passant par l'origine de cette spire : la figure ci-contre (fig. 9) représente le développement de la surface de ce cylindre sur le plan tangent suivant cette génératrice. Chancourtois appelle *points caractéristiques* la position de chaque corps ainsi déterminée par son poids

1. *Vis tellurique, classement naturel des corps simples ou radicaux*

atomique ; en comparant les positions respectives des corps sur ce cylindre, il déduit la loi suivante : *Les rapports des propriétés des corps sont manifestés par des rapports simples de position de leurs points caractéristiques.* Par exemple, l'oxygène, le soufre, le sélénium, le tellure s'alignent sensiblement sur la génératrice 16, tandis que le magnésium, le calcium, le fer, le strontium, le baryum s'alignent sur la génératrice opposée 8; le lithium, le sodium et le potassium s'alignent sur la génératrice 7 voisine de celle-ci. Le fluor et le chlore s'alignent sur une même génératrice, le brome et l'iode sur une autre.

Tous ces rapprochements découlent nécessairement de ceux que Dumas avait signalés, mais les rendent plus saisissants par la traduction géométrique qu'en fait Chancourtois et qui, notamment, accentue davantage les analogies des corps simples dont les poids atomiques diffèrent d'un multiple de 16 [1].

27. Loi périodique de Mendéléeff. — La classification de Mendéléeff connue sous le nom de *loi périodique* et publiée en 1869 [2] repose sur les considérations suivantes. Si l'on porte (fig. 10) en abscisses les valeurs des poids atomiques des éléments et en ordonnées les nombres représentant une donnée physique déterminée, par exemple le point de fusion en températures absolues et le volume atomique (donnée physique indiquée par Lothar Meyer et égale au quotient du poids atomique par la densité du corps à l'état solide), on constate que les courbes obtenues en joignant les points successifs correspondant à une même donnée physique affectent une allure périodique et que les corps situés dans des régions correspondantes des courbes ont des propriétés analogues : c'est ainsi que le lithium, le sodium, le potassium, le rubidium, le césium et le thallium occupent les points culminants de la courbe des volumes atomiques, le chlore, le brome, l'iode,

obtenu au moyen d'un système de classification hélicoïdal et numérique, par M. A. E. Béguyer de Chancourtois, Ingénieur en chef des mines, Paris, Mallet-Bachelier, 1863. Voir aussi *C. R. de l'Ac. des Sc.*, 1er sem. 1862, t. LIV, p. 757.

1. Rapprochement qui est la base du système de Newlands publié en 1864 sous le nom de « *loi des octaves* ».

2. « *Du rapport entre les propriétés et le poids atomique des éléments* », mémoire lu en mars 1869 par D. Mendéléeff devant la Société chimique Russe. Cf. *Principes de Chimie* de D. Mendéléeff, traduction Achkinasi et Carrion, tome II, p. 436.

Volumes atomiques
Points de fusion (t. absolues)
Poids atomiques
Volumes atomiques
Points de fusion

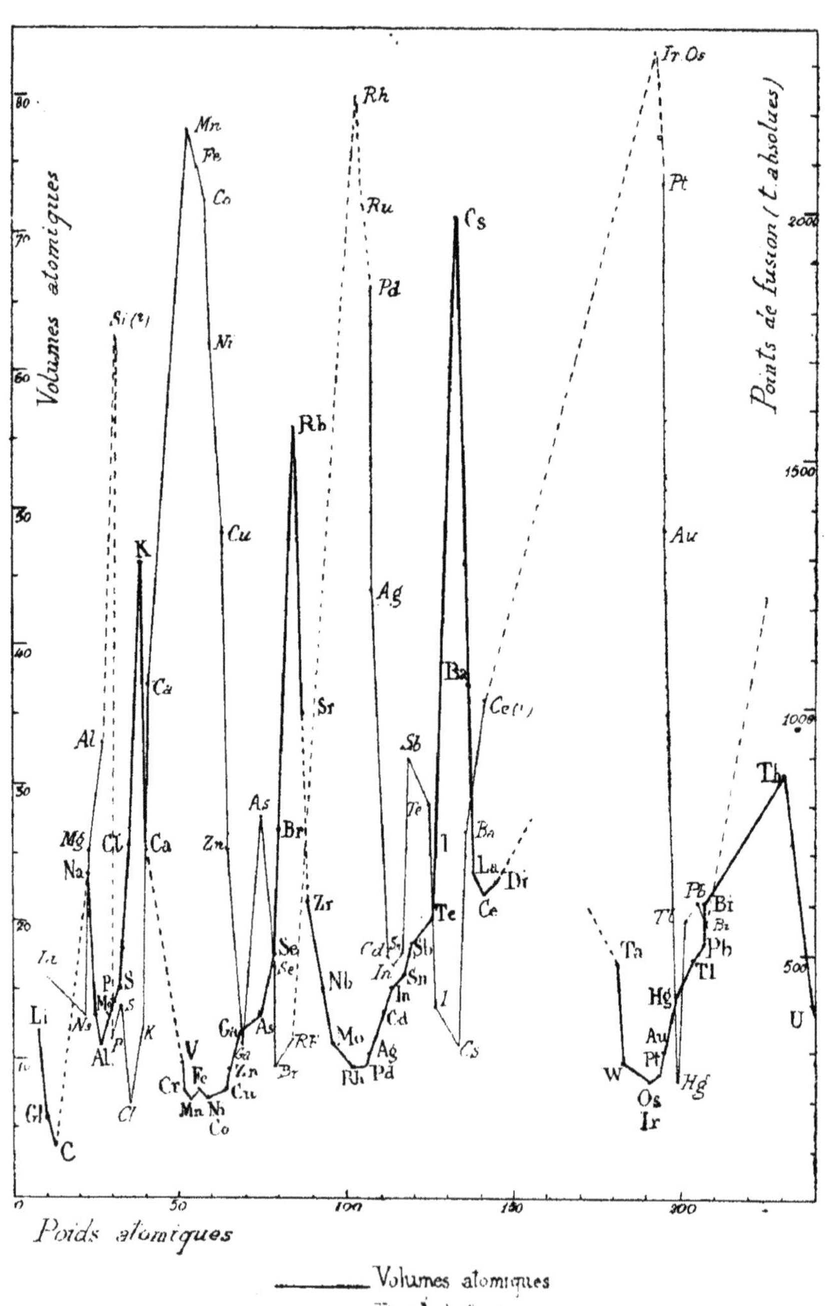

Fig. 10.

les points bas de la courbe des points de fusion. Les maxima et minima des deux courbes sont d'ailleurs situés sensiblement sur une même ordonnée.

De même, si l'on considère les nombres maximum d'atomes d'oxygène auxquels deux atomes de chaque élément peuvent se combiner, on constate (ainsi que le montre le tableau de la page 55) une périodicité semblable dans cette capacité de saturation par l'oxygène.

En disposant les éléments d'après la grandeur croissante de leur poids atomique, on obtient donc une répétition périodique des propriétés ; c'est ce qu'énonce la loi périodique ainsi formulée par Mendéléeff :

Les propriétés des corps simples, comme les formes et les propriétés des combinaisons, sont une fonction périodique de la grandeur du poids atomique.

Partant de là, Mendéléeff forme avec les éléments une table où ils sont répartis en groupes d'après les règles suivantes. On aligne horizontalement de gauche à droite les corps simples sur un damier dans l'ordre de leur poids atomiques, chaque corps occupant une case distincte, jusqu'à ce que l'on arrive à un corps analogue par ses propriétés au premier de la rangée obtenue ; on inscrit alors ce corps dans la case située au-dessous de celui-ci, puis l'on continue l'inscription de gauche à droite, et ainsi de suite. On obtient de cette manière une série de rangées parallèles superposées dans lesquelles on déplace au besoin les corps, en laissant des cases vides, de façon à obtenir dans la même rangée verticale de cases des corps ayant des propriétés analogues ; en réunissant deux à deux les séries horizontales, on forme ainsi le tableau suivant comprenant douze séries horizontales et huit groupes verticaux.

Groupes	I	II	III	IV	V	VI	VII	VIII
Forme des composés	RH (1) R^2O	RH^2 R^2O^2 RO	RH^3 R^2O^3	RH^4 R^2O^4 RO^2	RH^3 R^2O^5	RH^2 R^2O^6 RO^3	RH R^2O^7	RO^4
Série 1 — 2	1 **H** **Li** 7	**Gl** 9,1	**Bo** 11	12 **C**	14 **Az**	16 **O**	19 **Fl**	
Série 3 — 4	23 **Na** **K** 39,2	24,3 **Mg** **Ca** 40	27 **Al** **Sc** 44,1	28 **Si** **Ti** 48,1	31 **P** **V** 51.2	32 **S** **Cr** 52	35,5 **Cl** **Mn** 55	**Fe** 56 **Ni** 58,7 **Co** 59
Série 5 — 6	63,6 **Cu** **Rb** 85,4	65,4 **Zn** **Sr** 87,6	70 **Ga** **Y** 89,0	72 **Ge** **Zr** 90,6	75 **As** **Nb** 94	79,1 **Se** **Mo** 96	80 **Br**	**Ru** 101,7 **Rh** 103 **Pd** 106
Série 7 — 8	108 **Ag** **Cs** 113	112 **Cd** **Ba** 137	114 **In** **La** 138	118,5 **Sn** **Cé** 140	120 **Sb** **Nè** 144	127 **Te**	126,9 **I** **Sa** ? 150 ?	
Série 9 — 10			**Yb** 173		**Ta** 183	**W** 184		**Os** 191 **Ir** 193 **Pt** 194,8
Série 11 — 12	197,2 **Au**	200,3 **Hg**	204,1 **Tl**	206,9 **Pb** **Th** 232	208,5 **Bi**	**U** 239,5		

(1) H ou un radical monovalent.

Les éléments de même valence se correspondent ainsi verticalement dans un même groupe où les corps de même parité présentent le plus d'analogie. Deux séries voisines, une impaire, l'autre paire, forment ce que Mendéléeff appelle une *période;* les éléments les plus légers (séries 1 et 2) forment la période *typique* [1]. Dans chaque période les oxydes sont basiques à gauche, acides à droite, et les oxydes des groupes intermédiaires passent graduellement de la fonction basique à la fonction acide.

On retrouve dans le classement des éléments des séries 2, 3 et 4 qui sont incontestablement les mieux associés en groupes verticaux, le principe de la classification de Chancourtois, ces poids atomiques différant pour la plupart de 16 les uns des autres en file verticale.

Au moment où Mendéléeff a publié sa classification, les deux cases situées au-dessous de l'aluminium étaient vides, ainsi que la case située au-dessous du titane. Mendéléeff n'avait pas hésité, pour combler ces cases vides, à prévoir l'existence probable de corps auxquels il avait donné les noms d'*ékabore*, *ékaluminium* et *ékasilicium* en leur assignant un poids atomique et des propriétés physiques et chimiques déterminées par voie d'analogie avec les éléments des cases voisines : peu de temps après étaient découverts le scandium, le gallium et le germanium avec les poids atomiques et les propriétés générales prévues par Mendéléeff pour l'ékabore, l'ékaluminium et l'ékasilicium.

Cette confirmation éclatante des vues de Mendéléeff a assuré à sa classification des corps simples la valeur d'une loi physico-chimique, malgré les nombreuses critiques souvent justifiées qu'on a pu lui adresser [2] : la difficulté qu'on

1. Cette expression est en réalité assez défectueuse, car les corps simples de la série 2 ne représentent pas exactement les propriétés générales des corps du groupe vertical dans laquelle ils se trouvent ; c'est ainsi que le lithium se rapproche du magnésium, le glucinium de l'aluminium, le bore du silicium.

2. *Sur la classification périodique des éléments*, par M. Wyrouboff (Actualités chimiques, mars-avril 1896).

éprouve actuellement à y introduire des corps récemment découverts, l'argon et l'hélium, avec les poids atomiques 40 et 4 serait de nature à en affaiblir la portée, si d'autre part l'un de leurs inventeurs, M. Ramsay, n'était arrivé à soupçonner l'existence dans l'air atmosphérique de nouveaux éléments autres que l'argon et l'hélium et à découvrir le crypton, le néon, le métargon, le xénon, etc., précisément en s'appuyant sur le système périodique.

En résumé, sans avoir atteint encore une précision permettant de les accepter comme l'expression d'une loi définitive, les classifications des corps simples ont rendu d'importants services à la chimie en provoquant d'innombrables travaux destinés à préciser la valeur des poids atomiques ou à combler par la découverte de nouveaux corps les lacunes qu'elles révélaient dans les séries d'éléments. Elles ont incontestablement montré des analogies en rapport avec la grandeur des poids atomiques. Mais, loin de confirmer la réduction des corps présumés simples à un petit nombre d'éléments fondamentaux, prévue par Lavoisier, Prout et Dumas, les nouveaux métalloïdes et métaux dont s'est enrichie dans ces dernières années la liste des corps simples semblent au contraire justifier une conception inverse, en multipliant les types de corps simples, à fonctions chimiques très différentes de celles des éléments connus jusqu'à ces derniers temps.

LOIS CHIMIQUES DE L'ÉNERGIE

CHAPITRE IV

PHÉNOMÈNES THERMIQUES

ACCOMPAGNANT LES RÉACTIONS CHIMIQUES

28. Méthodes diverses pour établir les lois chimiques de l'énergie. — Dans les réactions chimiques, l'énergie libre se manifeste en général sous les formes calorifique, électrique et mécanique. Dans les combinaisons réalisées dans les laboratoires et dans l'industrie, l'état électrique des systèmes en réaction est généralement constant : ce sont donc surtout les formes calorifique et mécanique de l'énergie qu'il y a lieu de considérer dans leurs rapports avec les phénomènes chimiques.

On peut établir plusieurs lois chimiques de l'énergie d'une façon purement empirique. On peut aussi en tirer quelques-unes, fort importantes, d'hypothèses simples, vérifiées par la concordance des faits observés avec les données prévues : c'est ainsi qu'en prenant pour point de départ la *proportionnalité de l'action chimique aux masses réagissantes*, les chimistes norwégiens Guldberg et Waage en 1867, et plus tard le chimiste français M. G. Lemoine, ont pu établir, dans les équilibres chimiques, des relations mathématiques entre les divers facteurs des équilibres.

Mais la méthode qui semble la plus féconde en résultats, est l'application à la chimie des principes de la thermodynamique qui permettent d'établir des lois relatives non seulement aux réactions limitées réversibles assimilables aux phénomènes physiques, mais encore aux réactions complètes non réversibles. Cette méthode que nous suivrons, appliquée pour la première fois aux phénomènes chimiques en 1871 par M. Peslin, Ingénieur en chef des mines et M. Moutier, a été l'objet de développements considérables de la part du physicien américain Gibbs, de 1875 à 1878, du chimiste hollandais Van t'Hoff, de M. Horstmann, en Allemagne, et de MM. H. Le Châtelier, Mouret, Duhem, etc., en France.

Nous commencerons tout d'abord par constater l'existence de dégagements ou d'absorptions de chaleur dans les réactions chimiques, puis nous verrons par quels procédés on les mesure, et nous indiquerons ensuite comment on peut déduire des principes de la thermodynamique les principales lois chimiques de l'énergie utilisant ces données calorimétriques.

29. Phénomènes thermiques qui se produisent dans les réactions. — Un grand nombre de réactions chimiques donnent lieu à des dégagements de chaleur : tel est le cas des combinaisons de l'oxygène avec le charbon, le soufre, le fer, l'hydrogène ; du chlore avec l'arsenic, l'antimoine, le potassium : de telles réactions sont dites *exothermiques*. L'expérience prouve que pour décomposer les corps formés dans ces réactions, il faut leur fournir de la chaleur : la décomposition de ces corps absorbe donc de la chaleur, elle est *endothermique*.

D'autres réactions se produisent spontanément avec absorption de chaleur : on le constate facilement dans les mélanges dits *réfrigérants* (action de l'acide chlorhydrique en dissolution dans l'eau sur des cristaux de sulfate de soude hydraté, par exemple) ; — dans le phénomène de la dissolution dans l'eau des sels métalliques qui, pour la plupart, s'effectue aux températures ordinaires avec absorption de chaleur ; — dans un assez grand nombre de doubles décompositions de sels dissous (par exemple, mélange à équivalents égaux de dissolutions concentrées de sulfate d'ammoniaque et de carbonate de potasse qui, à froid, donnent un précipité abondant de sulfate de potasse avec abaissement très notable de température). De telles réactions sont dites endothermiques ; la réaction inverse (par exemple, précipitation de dissolutions sursaturées qui se sont effectuées avec abaissement de température), dégage de la chaleur : elle est exothermique.

Tel est le cas de composés explosifs, chlorure d'azote, argent fulminant, etc., dont la décomposition dégage de la chaleur. Par voie d'analogie, on est donc amené à penser que la formation de tels corps a été accompagnée d'une absorption de chaleur ; cependant les réactions dans lesquelles se produisent ces corps sont généralement accompagnées d'un dégagement de chaleur, et l'on a pu croire longtemps que toutes les réactions qui s'accomplissaient directement, *dégageaient* de la chaleur. Mais on a reconnu que ce dégagement de chaleur était dû à des réactions simultanées dégageant plus de chaleur que n'en absorbe la formation de l'explosif. C'est ainsi que la réaction produisant le chlorure d'azote, par action du chlore sur une dissolution de chlorhydrate d'ammoniaque :

$$AzH^4Cl + 6\,Cl = AzCl^3 + 4HCl$$

dégage de la chaleur, parce que la formation de l'acide chlorhydrique dégage une quantité de chaleur très supérieure en valeur absolue à la quantité de chaleur absorbée par la formation du chlorure d'azote, et par la décomposition du chlorhydrate d'ammoniaque.

Jusqu'à Lavoisier et Laplace, on ne paraît pas s'être préoccupé du rôle que pouvaient jouer ces phénomènes thermiques dans les réactions, et par suite on ne les mesurait pas. Lavoisier le premier effectua un certain nombre de mesures des chaleurs dégagées dans les réactions chimiques (notamment dans la combustion de l'hydrogène, du phosphore et du charbon dans l'oxygène), et dans son « Mémoire sur la Chaleur », fait en collaboration avec Laplace en 1780, il formule d'une façon très nette le principe de l'égalité de la chaleur dégagée par un système quelconque dans une combinaison, et de la chaleur absorbée dans le retour du système à l'état primitif.

Mais encore imbu de la théorie erronée du phlogistique de Stahl, Lavoisier qui considérait le *calorique* comme un fluide « éminemment élastique » susceptible de se combiner avec les corps et d'être mis en liberté dans les décompositions, ne pouvait soupçonner, malgré ses mesures calorimétriques, le rôle que jouent les phénomènes thermiques dans les réactions.

Ce n'est que vers le milieu de ce siècle que les chimistes Hess, en Allemagne, et surtout Thomsen, en Danemark, et

Berthelot, en France, comprirent tout l'intérêt que présente la mesure des chaleurs dégagées dans les réactions, à la suite des études d'ordre physique sur la chaleur entreprises par Sadi Carnot, le créateur de la thermodynamique et de la science plus générale de l'énergie ou *énergétique* [1], études continuées par Mayer, Joule, Clausius, etc.

D'après ces travaux, la chaleur devait être envisagée non plus comme un fluide hypothétique, mais comme un mode d'énergie que l'on peut produire en consommant du travail mécanique, le rapport entre la chaleur produite et le travail consommé étant constant.

Les chimistes comprirent ainsi que la chaleur dégagée dans une réaction permettait de *mesurer* d'une certaine manière le travail accompli par les forces chimiques, et dès lors le *calorimètre* entra dans les laboratoires au même titre que la balance. De même en effet que la balance avait été l'outil des lois chimiques de la masse, de même le calorimètre allait devenir l'outil des lois chimiques de l'énergie.

30. Calorimétrie. — Dans ce qui va suivre, nous emploierons comme unité de mesure de la chaleur la grande calorie ou quantité de chaleur nécessaire pour élever de un degré centigrade la température de un kilogramme d'eau entre 0° et + 1° C. Nous affecterons du signe + les chaleurs *dégagées* par les réactions (et par conséquent correspondant à une élévation de température du calorimètre), et du signe — les chaleurs *absorbées* par les réactions (correspondant à un abaissement de température du calorimètre) [2].

La chaleur dégagée ou absorbée dans une réaction chimique se mesure toujours en faisant absorber par conduction cette chaleur par une masse d'eau assez considérable pour que l'élévation de température de cette masse soit toujours très-faible : on diminue ainsi les causes d'erreur dues au refroi-

1. *Réflexions sur la puissance motrice du feu* et sur les machines propres à développer cette puissance, par Sadi Carnot, 1824. — Mémoire réimprimé dans les *Annales scientifiques de l'École Normale supérieure* (IIe série, t. I, 1872).

2. Cette convention qui a prévalu en Chimie est l'inverse de celle qui est usitée dans les ouvrages de Physique, et notamment de Thermodynamique : il est donc nécessaire de changer le signe des quantités de chaleur quand on applique à des phénomènes chimiques des formules de physique où entrent des quantités de chaleur.

dissement par rayonnement, et, d'autre part, on se place dans les conditions nécessaires pour que la mesure ait une signification déterminée ainsi que nous le verrons plus loin (40).

Pour que les mesures soient précises, il faut que les thermomètres employés en calorimétrie soient sensibles et permettent d'apprécier de très-petites fractions de degrés, puisque les variations de température du calorimètre doivent être très faibles : aussi emploie-t-on des thermomètres à mercure à réservoir assez volumineux et à très-longue tige permettant d'apprécier le centième de degré. On peut ainsi en pratique exécuter les mesures au 1/100 de calorie près, à condition de tenir un compte exact de la correction relative au refroidissement ; cette correction est d'ailleurs très-faible lorsque la réaction s'effectue en quelques secondes, ce qui est un cas très fréquent, notamment dans les doubles décompositions salines.

Les appareils habituellement employés pour la mesure des chaleurs dégagées dans les réactions sont le *calorimètre à mélange*, et, s'il s'agit de combustion vives, *la bombe calorimétrique*.

31. Calorimètre à mélange. — L'appareil de M. Berthelot, usité en France[1], consiste (fig. 11) en un vase cylindrique A en platine très-mince d'une contenance de 650 cm³, qui constitue le calorimètre proprement dit. Il repose sur trois pointes de liège, corps peu conducteur, au centre d'un vase en laiton B argenté à l'intérieur, placé lui-même dans une double enceinte métallique CC remplie d'eau, protégée contre le rayonnement extérieur par une enveloppe de feutre épais.

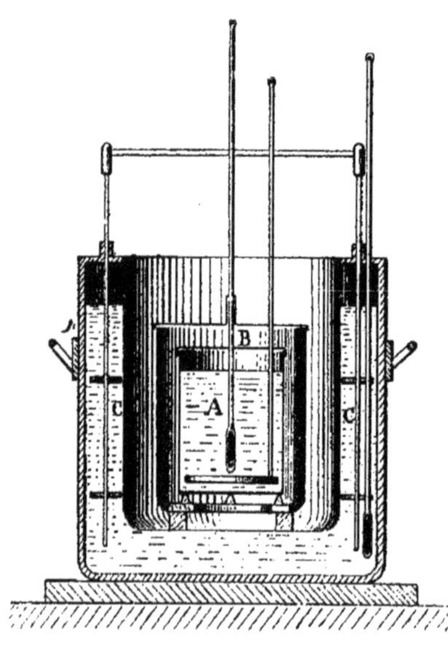

Fig. 11.

Le volume d'eau de l'enceinte est assez considérable pour que les variations extérieures de température n'aient que des influences négligeables sur la température de l'enceinte qui reste presque rigoureusement invariable pendant toute la durée d'une opération.

Lorsque les réactions ont lieu par voie humide, les liquides sont mélangés dans le calorimètre en platine lui-même : celui-ci peut être muni d'un couvercle percé d'une ouverture à porte mobile par laquelle on peut introduire le thermomètre qui sert d'agitateur. Pour les actions des gaz sur les liquides

1. Voir pour le détail des opérations le « *Traité pratique de calorimétrie chimique* » par M. Berthelot (Encyclopédie des aides mémoire Léauté).

on emploie des fioles en verre mince qui tiennent lieu de calorimètre et remplacent le vase en platine.

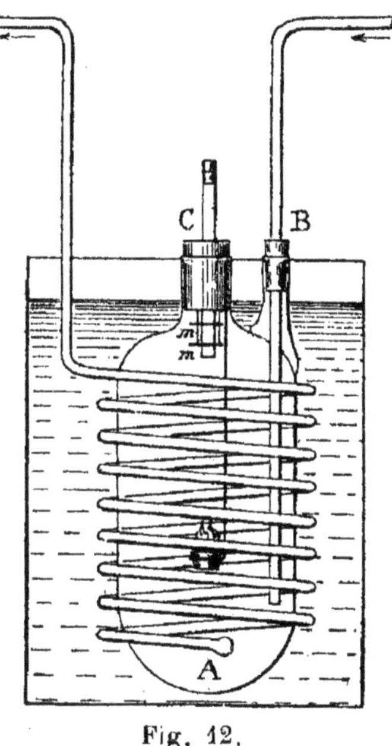

Fig. 12.

La combustion des métalloïdes et des métaux purs dans l'oxygène, le chlore, etc., est en général complète à la pression ordinaire et peut s'effectuer au moyen de l'appareil précédent, en effectuant la réaction dans une chambre de combustion en verre très mince ayant pour la combustion des solides, du soufre dans l'oxygène par exemple, la disposition ci-contre (fig. 12). La chambre à combustion A est munie de deux tubulures verticales à sa partie supérieure. Par l'une d'elles B arrive le gaz, pur et sec, débité par un gazomètre, l'autre plus large C, est munie d'un gros bouchon dans lequel s'engage un tube fermé par un bouchon plus petit. C'est par ce tube qu'on introduit le petit fragment de charbon en ignition destiné à enflammer le soufre placé sur une petite coupelle suspendue à un fil de platine. Du fond de la chambre à combustion part un long serpentin de verre en spirale par où s'échappent les gaz qui sortent, grâce à ce circuit, à la température du calorimètre. Des rondelles de mica *m m*, protègent le gros bouchon contre la chaleur de combustion.

32. Bombe calorimétrique. — Ce procédé n'est pas applicable à la combustion de matières fixes, qui ne s'enflamment pas aisément, comme les sucres, l'acide tartrique, l'albumine, les hydrocarbures lourds, les houilles, etc., et ne donnent lieu qu'à des combustions imparfaites : dans ce cas on peut rendre la combustion complète, comme l'a montré M. Berthelot, en l'effectuant dans un instrument particulier appelé *bombe calorimétrique*, où la combustion a lieu à volume constant dans de l'oxygène comprimé à des pressions pouvant atteindre 25 atmosphères.

Cet instrument se compose d'un récipient très résistant en acier nickelé à l'extérieur, doublé intérieurement, pour éviter l'oxydation du fer, en platine ou en or, dans l'appareil imaginé par MM. Berthelot et Vieille ; le même but est atteint d'une façon moins coûteuse et plus pratique par un revêtement intérieur en émail dans le même appareil modifié par M. Mahler (fig. 13). L'obus calorimétrique Mahler, a une capacité de 654 cm³ ; ses parois ont 8 mm. d'épaisseur. Il est obturé par un bouchon à vis serrant une rondelle de plomb. Le bouchon porte un robinet à pointeau qui sert à l'introduction de l'oxygène ; il est traversé par une électrode en platine isolée prolongée à l'intérieur de l'obus par une tige de platine E. Une deuxième tige de platine fixée au bouchon soutient une capsule plate C dans laquelle on place la matière à brûler. Celle-ci est enflammée par le contact d'une petite spirale en fil de fer F, qu'un courant électrique brûle au moment voulu et qui joue ainsi le rôle d'amorce.

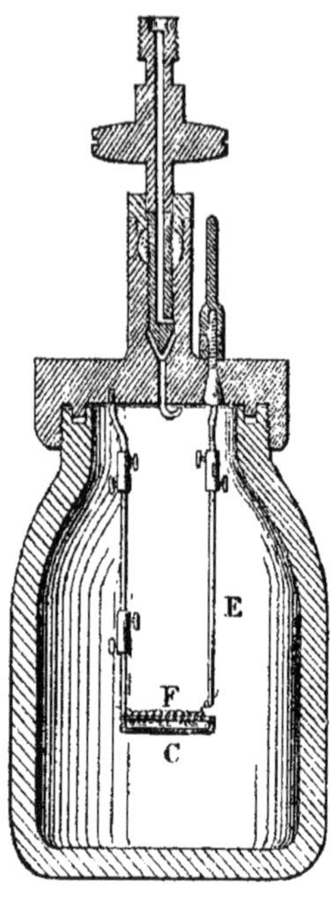

Fig. 13.

La bombe est immergée dans l'eau d'un calorimètre ordinaire : l'uniformité de la température en tous les points de cette eau est assurée au moyen d'un agitateur hélicoïdal système Berthelot, commandé par une combinaison cinématique permettant d'imprimer aisément au système un mouvement régulier.

33. Exemples de mesures calorimétriques. — Nous prendrons tout d'abord comme exemple de mesure calorimétriques l'un des cas les plus simples : la détermination de la chaleur de neutralisation d'une base dissoute dans l'eau par un acide dissous, au moyen du calorimètre à mélange ordinaire.

On prépare des dissolutions de la base, la potasse par exemple, et de l'acide, l'acide sulfurique par exemple, à raison de une molécule de potasse et un demi molécule d'acide sulfurique pour deux litres ; la réaction étant représentée par l'équation :

$$2\,KOH + SO^4H^2 = SO^4K^2 + 2\,H^2O$$

des volumes égaux de chaque dissolution se saturent exactement l'un l'autre.

On prend un volume égal de chaque solution, un peu inférieur à la moitié du volume du calorimètre : si celui-ci a 650 cm^3, on prendra par exemple 300 cm^3 de chaque solution. On verse la solution d'acide dans le calorimètre, et l'on place la solution de potasse dans une fiole en verre posée à côté du calorimètre dans un vase en laiton argenté intérieurement. Le tout est disposé plusieurs heures d'avance dans une salle à température aussi peu variable que possible, de façon que les températures du calorimètre et de la fiole, données chacune par un thermomètre calorimétrique plongé dans le vase correspondant, diffèrent excessivement peu et soient constantes depuis au moins un quart d'heure au moment où l'on va procéder à la mesure.

On note les températures t et t' du calorimètre et de la fiole, puis immédiatement on saisit au moyen d'une pince en bois la fiole par le col et l'on en verse le contenu dans la liqueur acide du calorimètre; on mélange les deux liquides avec le thermomètre calorimétrique, et l'on note la température de minute en minute à partir de l'instant où l'on a observé les températures initiales t et t'. Le thermomètre qui a monté tout d'abord subitement par suite de la chaleur dégagée par la réaction, descend ensuite lentement par suite du refroidissement, et l'on obtient ainsi de minute en minute des températures décroissante T, T', T'', T''' etc. Comme la réaction est totale en un temps bien inférieur à une minute, le maximum de température est en réalité atteint avant la lecture de la température T qui à cause du refroidissement est déjà un peu inférieure au maximum. On admet que le maximum a été atteint au milieu de l'intervalle d'une minute séparant les lectures de t, t' et de T, et que la température vraie du maximum est égale à $T + \frac{\theta}{2}$, θ étant le refroidissement pendant une minute. Ce refroidissement θ s'obtient en faisant la moyenne des différences $T - T'$, $T' - T''$, $T'' - T'''$ etc, qui sont d'ailleurs en pratique égales entre elles pendant plusieurs minutes.

Voici maintenant comment s'effectue le calcul de la chaleur dégagée par la réaction.

Soient p et p' les poids des deux liquides, c et c' leurs chaleurs spécifiques, C la chaleur spécifique du liquide résultant du mélange, P l'équivalent en eau du calorimètre et du thermomètre.

Si les liquides se mélangeaient sans réaction chimique, la température finale t'' du mélange s'obtiendrait en exprimant que la quantité de chaleur perdue par l'un a été gagnée par l'autre ; si t est supérieur à t', on aurait :

$$pc\,(t - t'') + P\,(t - t'') = p'c'\,(t'' - t')$$

d'où l'on tire ;

$$(1) \qquad t'' = \frac{p'c't' + t\,(P + pc)}{pc + P + p'c'}$$

La réaction chimique a eu pour effet d'élever la température du mélange final de $T + \frac{\theta}{2} - t''$ degrés. Nous obtiendrons donc la quantité de chaleur Q dégagée par la réaction en écrivant qu'elle a été employée à élever de $T + \frac{\theta}{2} - t''$ degrés la température du poids $p + p'$ du liquide résultant du mélange, et de l'appareil calorimétrique réduit en eau P; on aura donc :

$$Q = (p + p')\,C\left(T + \frac{\theta}{2} - t''\right) + P\left(T + \frac{\theta}{2} - t''\right)$$

ou

$$(2) \qquad Q = [(p + p')\,C + P]\left(T + \frac{\theta}{2} - t''\right)$$

Il suffira donc de porter dans l'équation (2) la valeur de t'' déduite de l'équation (1) pour obtenir la valeur de Q.

En pratique comme les densités des solutions étendues sont extrêmement voisines de l'unité, et leur chaleur spécifique également, on remplace les produits pc, $p'c'$ par les *volumes* v et v' des dissolutions [1], ce qui n'entraîne que des erreurs négligeables étant donnée l'approximation obtenue pour les températures ; on trouve ainsi tout calcul fait :

$$(3) \qquad Q = \left(T + \frac{\theta}{2}\right)(v + v' + P) - (vt + v't' + Pt)$$

Dans une opération exécutée par M. Berthelot, on a eu les données suivantes :

$v = v' = 300$ cm³	$P = 3^{g}87$
$t = 14^{o}98$	$t' = 14^{o}95$
$T = 18^{o}920$	$\theta = 0^{o}01$

(le calorimètre en platine pesait 18 grammes et valait en eau 2 gr. 6, le thermomètre réduit en eau, d'après la longueur de tige immergée, 1 gr. 27).

On trouve en portant ces valeurs dans l'équation (3) :

$$Q = 2{,}3913$$

Ce qui donne, en rapportant la chaleur dégagée à une molécule de potasse :

$$\frac{2.000}{300} \times 2{,}3913 = 15 \text{ cal. } 942$$

Nous prendrons comme second exemple la détermination de la chaleur dégagée par la combustion d'un liquide non volatil, l'huile de colza par exemple, mesurée au moyen de la bombe calorimétrique Mahler, d'après cet auteur [2]. L'analyse élémentaire de l'échantillon a donné :

Carbone................	77,182 0/0
Hydrogène..............	11,711
Oxygène et azote.........	11,107
Total :	100.000

Le poids essayé est un gramme.

On ajuste le petit morceau de fil de fer F (fig. 13), d'un poids connu, qui sert d'amorce. Après avoir introduit le tout dans l'obus, on serre fortement le bouchon de la chambre de combustion, que l'on saisit à cet effet entre les mâchoires d'un étau.

On met alors le robinet pointeau de l'obus en communication avec un réservoir d'oxygène comprimé, au moyen d'un tube muni d'un robinet et d'un manomètre et on laisse entrer lentement l'oxygène dans l'obus jusqu'à ce qu'il marque 25 atmosphères. On ferme le robinet du tube puis le robinet pointeau, et l'on détache le robinet de communication de l'obus avec le réservoir d'oxygène, puis l'on place l'obus dans le calorimètre. On dispose dans celui-ci le

1. En général la densité est un peu supérieure à l'unité, et la chaleur spécifique un peu inférieure, en sorte que le produit pc diffère très peu de l'unité.

2. *Bull. de la Société d'Encouragement*, année 1892, 4e série, t. VII, p. 319.

thermomètre et l'agitateur et l'on y verse l'eau préalablement jaugée. On agite quelques instants le liquide et l'on abandonne le système pendant un certain temps pour qu'il y ait équilibre de température entre ses diverses parties.

On note la température de minute en minute pendant quatre ou cinq minutes par exemple ; puis on met le feu à la matière combustible en approchant de l'obus les électrodes d'une pile ou d'une machine électrique.

L'inflammation a lieu aussitôt ; la combustion est presque instantanée, mais la transmission de la chaleur à l'eau du calorimètre prend quelques minutes. On note la température une demi-minute après la mise en feu, puis à la fin de la minute d'inflammation. On continue les observations thermométriques de minute en minute, jusqu'au point à la suite duquel le thermomètre commence à descendre régulièrement, point qui est le maximum.

On continue l'observation encore pendant cinq minutes environ pour déterminer la loi que suit le thermomètre après le maximum. Pendant toute la durée des observations, on doit avoir soin de faire fonctionner régulièrement l'agitateur.

On a alors les éléments principaux pour le calcul de la chaleur dégagée. Lorsque les matières organiques contiennent de l'azote, ce qui est le cas de l'exemple actuel, l'oxygène sous pression le transforme en acide azotique dans les conditions où l'on opère, ce qui ne se produirait pas à la pression ordinaire : il faut donc pour avoir le pouvoir calorifique de la matière considérée, faire subir à la chaleur totale dégagée dans la combustion une correction due à ce phénomène. Pour cela on lave l'intérieur de l'obus avec un peu d'eau dans laquelle on détermine par une analyse acidimétrique le poids d'acide azotique formé.

La chaleur Q dégagée par la combustion de la matière est donnée par l'équation :

$$Q = (\Delta + \alpha)\ (P + P') - (0{,}23\,p + 1{,}6\,p')$$

dans laquelle :

Δ représente l'élévation brute de température de l'appareil ;

α la correction du refroidissement ;

P le poids de l'eau contenue dans le calorimètre ;

P' l'équivalent en eau de l'obus et de ses accessoires, oxygène compris [1] ;

p le poids de l'acide azotique formé ;

p' le poids de la spirale de fer ;

0,23 la chaleur de formation de 1 gr. d'acide azotique.

1. Cet équivalent P' peut se déterminer par diverses méthodes : soit par la connaissance exacte des poids des diverses parties de l'appareil ; soit en faisant brûler un même poids d'un corps à composition fixe, la naphtaline ou le camphre par exemple, dans deux expériences où l'on fait varier le poids P de l'eau versée dans le calorimètre ce qui donne deux équations d'où l'on tire Q et P' ; soit au moyen d'une seule expérience, en brûlant dans le calorimètre un poids connu d'une matière dont la chaleur de combustion a été très exactement déterminée ; soit enfin en versant dans le calorimètre un poids connu d'eau chaude, prise à 60° par exemple.

1,60 la chaleur de combustion de 1 gramme de fer (transformé en oxyde magnétique).

Dans le cas présent, on a trouvé :

$$P = 2200 \quad P' = 481\,; \quad 0{,}23\,p = 0 \text{ c. } 0299\,; \quad 1{,}6\,p' = 0 \text{ c. } 0400$$

On détermine Δ et α d'après les observations suivantes des températures :

Période préliminaire	degrés	Période de combustion	degrés	Période de refroidissement	degrés
0 minute	10,23	5 min. 1/2....	10,80	9 minutes.....	13,82
1 »	10,23	6 minutes.....	12,90	10 »	13,81
2 »	10,24	7 »	13,79	11 »	13,80
3 »	10,24	8 »	13,84	12 »	13,79
4 »	10,25			13 »	13,78
5 »	10,25				
Combustion		Maximum			

et en prenant les règles pratiques suivantes qui conviennent pour un appareil du type en question :

1° La loi de décroissance de température observée à la suite du maximum représente la perte de chaleur du calorimètre avant le maximum, et pour une minute considérée, à la condition que la température moyenne de cette minute ne diffère pas de plus de 1 degré de la température du maximum ;

2° Si la température considérée diffère de plus de 1 degré, mais de moins de 2 degrés de la température du maximum, le chiffre qui représente la loi de décroissance au moment du maximum, diminué de 0,005, donne encore la correction cherchée.

La loi de variation de la température, dans le calorimètre, est, durant la période préliminaire, exprimée par :

$$\alpha_0 = \frac{10{,}25 - 10{,}23}{5} = 0^{\circ}004$$

La loi de variation de la température après le maximum, est :

$$\alpha_1 = \frac{13{,}84 - 13{,}78}{5} = 0^{\circ}012$$

La variation brute de température a été :

$$\Delta = 13{,}84 - 10{,}25 = 3^{\circ}59$$

D'après les règles précédentes, le système a perdu pendant les minutes (7,8) (6,7) une quantité de chaleur correspondant à $2\,\alpha_1 = 0^{\circ}024$; et pendant la demi-minute $\left(5\frac{1}{2},\ 6\right)$ il a perdu une quantité de chaleur représentée par :

$$\frac{1}{2}(\alpha_1 - 0{,}005) = 0{,}0035$$

Mais pendant la demi-minute $\left(5,5\frac{1}{2}\right)$ il gagnait :

$$\frac{1}{2}\alpha_0 = \frac{0,004}{2} = 0,002$$

Par suite la perte relative à la minute (5,6) est :

$$0,0035 - 0,002 = 0,0015$$

En définitive le système a perdu avant d'arriver au maximum :

$$0,024 + 0,0015 = 0,0255$$

qui représente la correction α ; on a donc :

$$\Delta + \alpha = 3,59 + 0,0255 = 3,615$$

en négligeant les dix-millièmes.

On trouve ainsi tout calcul fait :

$$Q = 9 \text{ cal. } 6219$$

CHAPITRE V

LOIS CHIMIQUES DE L'ÉNERGIE

S'APPLIQUANT AUX RÉACTIONS RÉVERSIBLES OU IRRÉVERSIBLES

31. Travail des forces ; cycles. — Nous venons de voir comment s'effectuent les mesures des quantités de chaleur dégagées ou absorbées dans les réactions : nous allons exposer maintenant comment, en partant des principes de la thermodynamique, ces données permettent d'expliquer les réactions déjà connues ou d'en prévoir de nouvelles.

Avant d'aborder cette étude, il est nécessaire de rappeler quelques définitions empruntées à la mécanique et à la thermodynamique.

Travail d'une force. — Le travail élémentaire $d\mathfrak{T}$ d'une force est le produit de l'intensité F de cette force par le déplacement infiniment petit ds de son point d'application et par le cosinus de l'angle α compris entre la direction de la force et celle du déplacement :

$$d\mathfrak{T} = F.\, ds.\, \cos \alpha$$

Pour un déplacement *fini* du point d'application de la position A à la position B, on appelle travail total $\mathfrak{T}$ d'une force l'intégrale de ses travaux élémentaires :

$$\mathfrak{T} = \int_A^B F.ds.\cos\alpha$$

On en déduit facilement que le travail extérieur effectué par une pression uniforme sur la surface d'un corps dont le volume subit une variation dv, est égal à pdv, en appelant p la valeur de la pression par unité de surface ; pour une variation finie de volume, le travail total est $\int_{V_0}^{V_1} pdv$.

Cycles. — On appelle *cycle fermé* décrit par un système une suite de transformations ramenant le système à son état initial : il est *réversible* ou *irréversible*.

Un cycle fermé est dit *réversible* lorsque le système qui le décrit ne subit que des transformations ou opérations pouvant se faire indifféremment dans le sens du cycle considéré ou en sens inverse, le système repassant exactement dans le sens inverse par les mêmes états intermédiaires (définis par la pression, le volume, la température, etc.), que dans le sens direct.

La condition nécessaire pour qu'un cycle soit réversible est que *à chaque instant*, le système qui décrit le cycle ainsi que les systèmes adjacents (permettant de faire varier les facteurs de qui dépend l'état du système considéré) soient en équilibre par rapport aux changements du ou des facteurs variables dans la transformation : il faut par exemple, si c'est la température qui varie, que la température du système considéré et celle de la source de chaleur qui lui cède (ou lui prend) de la chaleur, soient infiniment voisines ; de même pour la pression intérieure du système et celle que l'on exerce sur lui, s'il s'agit d'une compression.

Un cycle fermé est dit *irréversible* lorsque les transformations du système qui le décrit ne peuvent s'accomplir que dans un seul sens, en sorte que si le système passe d'un état initial A à un autre état B, il doit nécessairement, pour revenir à l'état initial A, suivre un autre chemin que celui qu'il avait suivi pour passer de l'état A à l'état B.

On donne le nom de *cycle non fermé*, et plus habituellement de *cycle*, par abréviation, à toute série de transformations amenant un système d'un état initial déterminé à un état final déterminé différent du premier : le cycle est réversible ou irréversible suivant que le système peut, ou non, revenir de l'état final à l'état initial en suivant le même cycle en sens inverse.

Il peut être commode de représenter graphiquement le cycle des transformations subies par un corps. Si l'état du corps ne dépend que de deux facteurs (par exemple la pression et le volume), on peut facilement figurer la série des états que peut prendre le corps en portant les pressions en ordonnées et les volumes en abscisses (fig. 14) en sorte que le cycle décrit par le corps pour passer d'un état défini par la pression p_0 et le volume v_0 représenté par le point A, à un autre état défini par la pression p_1 et le volume v_1 correspondant au point B, sera représenté par la courbe AB.

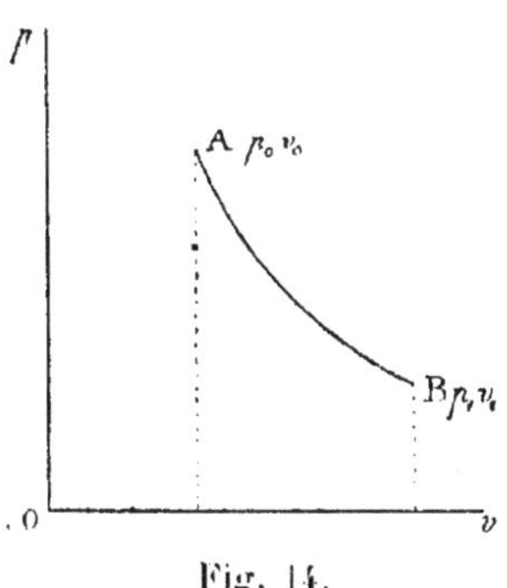

Fig. 14.

Si l'état du corps dépend de plus de deux facteurs, on s'arrange si c'est possible pour qu'il n'y en ait dans les cycles décrits que deux variables à la fois, les autres restant constants, de façon à pouvoir représenter le cycle par une courbe plane.

On appelle *isotherme* un cycle de transformations parcouru par un système dont la température reste constante, *adiabatique* un cycle de transformations parcouru par un système qui n'emprunte ni ne cède de chaleur aux systèmes environnants.

La thermodynamique ou étude des relations entre le travail mécanique d'une part et les quantités de chaleur ou les températures d'autre part, est basée sur deux principes *déduits de l'expérience* et connus sous le nom de premier principe ou *principe de l'équivalence*, et de deuxième principe ou *principe de Carnot-Clausius*.

Nous allons successivement examiner les lois chimiques que l'on peut déduire de chacun de ces deux principes [1].

35. Principe de l'équivalence. — *Quel que soit le système employé pour transformer le travail en chaleur, ou la chaleur en travail, il y a un rapport constant entre la quantité de travail et la quantité de chaleur qui interviennent dans une série quelconque de transformations, réversibles ou irréversibles, pourvu que l'état final du système soit identique à l'état initial.*

Si l'on appelle $\mathcal{T}$ le travail dépensé, Q la quantité de chaleur produite, on a donc :

$$\frac{\mathcal{T}}{Q} = E \quad \text{ou} \quad EQ - \mathcal{T} = 0$$

E étant un nombre constant appelé l'*équivalent mécanique de la chaleur*.

De nombreuses expériences ont vérifié ce principe et établi que E = 423,5, c'est-à-dire que pour produire 1 calorie, il faut dépenser un travail égal à 423,5 kilogrammètres.

On déduit de ce principe un corollaire très important connu sous le nom de :

1. Dans ce qui suivra, je supprimerai les démonstrations qui sont du domaine exclusif de la thermodynamique et que l'on trouvera dans les ouvrages spéciaux traitant de cette science.

36. Corollaire de l'état initial et de l'état final. — *La valeur de EQ-$\mathfrak{T}$ pour passer d'un état initial déterminé à un autre état final déterminé, différent du premier, est constante et indépendante de la série des transformations que l'on a fait subir au corps entre cet état initial et cet état final.*

On démontre aisément ce corollaire en partant du principe de l'équivalence pour les cycles *réversibles*, et l'on admet, en outre, parce que l'expérience le prouve, qu'il est toujours applicable, même dans le cas de transformations *irréversibles*. Si donc nous considérons un système passant d'une façon quelconque d'un état (1) bien déterminé (par exemple, par les coordonnées x_1, y_1, etc., des points du système, si l'état du système dépend de deux facteurs) à un autre état (2), bien déterminé par les nouvelles coordonnées x_2, y_2 du système, l'égalité $EQ = \mathfrak{T}$ doit être remplacée par cette autre :

$$EQ = \mathfrak{T} + EC$$

C, d'après le corollaire précédent, ayant une valeur qui ne dépend que des coordonnées du système dans l'état initial et dans l'état final, et qui est indépendante de la série des transformations intermédiaires. Cette propriété se traduit analytiquement par cette condition que si l'on appelle U une certaine fonction des coordonnées x, y, C est égal à la différence entre la valeur U_1 que prend la fonction U quand on y fait les coordonnées $x = x_1$, $y = y_1$, et la valeur U_2 qu'elle prend quand on y fait $x = x_2$, $y = y_2$. On aura donc en définitive :

$$EQ = \mathfrak{T} + E(U_1 - U_2)$$

S'il s'agit d'une transformation infiniment petite, cette équation devient :

$$EdQ = d\mathfrak{T} + EdU$$

et la condition précitée s'exprime analytiquement en disant que $EdQ - d\mathfrak{T}$ est une différentielle exacte.

La fonction U a reçu le nom d'*énergie interne*, proposée par le physicien anglais Thomson, et le terme $E(U_1 - U_2)$ est ordinairement appelé le *travail intérieur*, d'après la considération suivante. Un système absorbant une quantité de travail correspondant à EQ ne rend qu'une quantité de travail égale à $\mathfrak{T}$ et inférieure à EQ ; il faut donc ajouter au travail recueilli un terme complémentaire $E(U_1 - U_2)$ pour avoir l'équivalent du travail dépensé. Si l'on considère ce terme complémentaire comme un travail, on peut le supposer dépensé dans l'intérieur du système pour produire son changement d'état. Par opposition, le travail fourni $\mathfrak{T}$ par un système dans une transformation qui dégage une quantité de chaleur Q s'appelle *travail extérieur* ; nous le désignerons par $\mathfrak{T}_e$.

Du principe de l'équivalence mis ainsi sous la forme

$$EQ = \mathfrak{T}_e + E(U_1 - {}_2U)$$

découlent un certain nombre de conséquences importantes pour les transformations chimiques, auxquelles nous sommes en droit d'appliquer ce principe, puisqu'il est indépendant de la nature des corps formant le système et exempt de toute hypothèse sur la nature des forces auxquelles est soumis le système. De plus, comme le principe de l'équivalence s'applique aux cycles *réversibles* ou *irréversibles*, les conséquences que nous allons en tirer seront vraies pour toutes les réactions chimiques.

37. Premier principe de thermochimie. — *La chaleur dégagée dans une réaction, diminuée de la chaleur équivalente au travail des forces extérieures, mesure la variation de l'énergie interne du système.*

C'est sous une autre forme, la loi formulée sous le nom de *premier principe de la thermochimie*, par M. Berthelot, de la façon suivante [1] :

« La quantité de chaleur dégagée dans une réaction quel-
« conque, mesure la somme des travaux chimiques et physi-
« ques accomplis dans cette réaction » [2].

1. *Essai de Mécanique chimique fondée sur la thermochimie*, par M. Berthelot, 1879, t. I, p. 1.

2. L'énoncé que nous donnons ci-dessus nous paraît préférable en ce qu'il ne distingue que le travail extérieur des travaux intérieurs, lesquels peuvent être aussi bien physiques (changements d'état physique, fusion, solidification, etc.) que chimiques (union de deux ou plusieurs éléments, etc.).

Dans beaucoup de réactions, le travail extérieur est nul, car la seule force extérieure au système est la pression atmosphérique dont le travail se réduit à zéro quand la réaction se produit sans variation de volume : dans ce cas, le calorimètre donne immédiatement la mesure de la variation de l'énergie interne. Au contraire, quand il y a variation de volume, il faut tenir compte du travail extérieur pour dégager la quantité de chaleur $Q - \frac{\mathfrak{G}_e}{E}$ qui correspond à la variation de l'énergie interne.

Ainsi, la chaleur dégagée par la combinaison de deux volumes d'hydrogène et d'un volume d'oxygène, mesurée au calorimètre, est égale :

1° à 57 cal. 84 par molécule, à volume constant ;
2° à 58 cal. 60 » à pression constante (contraction d'un tiers);
3° à 69 cal. » si la vapeur se condense en eau.

L'excès du second chiffre sur le premier, 58 cal. 60 — 57 cal. 84 = 0 cal. 76, correspond au travail extérieur de la pression atmosphérique pour réduire 3 volumes à 2, et la différence entre le troisième chiffre et le second, correspond à la somme de la chaleur équivalente au travail de la pression atmosphérique pour réduire le volume de 22 lit. 32 de vapeur d'eau à celui de 18 grammes d'eau liquide, et de la chaleur latente abandonnée par l'eau pour passer de l'état de vapeur à l'état liquide.

On doit donc, dans les mesures calorimétriques, préciser nettement la part de chaleur correspondant au travail extérieur et aux changements d'état pour en déduire la chaleur correspondant à la réaction chimique seule.

38. Deuxième principe de thermochimie. — *Dans toute série d'opérations chimiques, l'excès de la chaleur déga-*

gée sur la chaleur équivalente au travail effectué par les forces extérieures ne dépend que de l'état initial et de l'état final.

Cette conséquence, connue sous le nom de *loi de l'état initial et de l'état final*, n'est que la traduction en langage chimiquê du corollaire du principe de l'équivalence (**36**). Elle a été mise sous la forme suivante par M. Berthelot dans son second principe de thermochimie :

« Si un système de corps simples ou composés, pris dans « des conditions déterminées, éprouve des changements phy- « siques ou chimiques, capables de l'amener à un nouvel « état, sans donner lieu à aucun effet mécanique extérieur au « système, la quantité de chaleur dégagée ou absorbée par « l'effet de ces changements dépend uniquement de l'état « initial et de l'état final du système ; elle est la même, « quelles que soient la nature et la suite des états intermé- « diaires. »

Voici les principales applications extrêmement importantes que l'on peut faire de la loi de l'état initial et de l'état final :

39. Applications du deuxième principe de thermochimie. — 1° *Détermination de la chaleur de combinaison de corps qui ne peuvent pas se combiner directement.*

Soit à trouver la chaleur de combinaison de deux corps A et B pour former le composé AB qui ne peut être obtenu par combinaison directe dans le calorimètre. On engage les deux corps dans une série de réactions successives dont la dernière donne le corps AB. Ce second cycle de réactions ayant le même état initial et le même état final que dans le premier cycle (combinaison directe de A et B), on peut, en vertu de la loi précédente, égaler les chaleurs dégagées dans les deux cycles, en tenant compte, s'il n'est pas nul, du travail des forces extérieures et au besoin des chaleurs latentes de fusion et de vaporisation.

Ainsi, l'anhydride sulfurique SO^3 et la baryte anhydre BaO étant des corps solides, ne peuvent être combinés directement dans le calorimètre ; pour trouver cette chaleur de combinaison x, on considère les deux cycles suivants ayant même état initial et même état final :

1er *cycle* :

$$SO^3 + BaO = SO^4Ba + x \text{ calories.}$$

2e *cycle* :

Partant de SO^3 et BaO, on effectue la série d'opérations suivantes. On commence par dissoudre SO^3 dans l'eau, ce qui dégage + **37** cal. **4** ; on dissout de même BaO dans l'eau, ce qui dégage + **27** cal. **8** ; on fait réagir les deux dissolutions, ce qui donne le sulfate de baryte SO^4Ba précipité à l'état solide insoluble, par conséquent dans le même état que s'il eût été obtenu par union directe de SO^3 et BaO.

Les deux cycles ayant même état initial et même état final, il suffit d'égaler les sommes de chaleur dégagées dans chaque cycle :

$$x = 37 \text{ cal. } 4 + 27 \text{ cal. } 8 + 36 \text{ cal. } 8 = 102 \text{ cal.}$$

Dans d'autres cas, on déduit la chaleur cherchée d'une des réactions intermédiaires des cycles. Soit à trouver, par exemple, la chaleur de combinaison du méthane CH^4 à partir de ses éléments :

$$C + 4H = CH^4 + x \text{ cal.}$$

combinaison qui ne s'effectue pas directement.

On considère les deux cycles suivants de réactions ayant même état initial $C + H^4 + O^4$ et même état final $CO^2 + 2H^2O$, chacune des réactions pouvant être effectuée au calorimètre, sauf la précédente :

1er cycle.	*2e cycle.*
$C + O^2 = CO^2 + 94$ cal. 3	$C + H^4 = CH^4 + x$
$H^4 + O^2 = 2H^2O + 138$ cal.	$CH^4 + 4O = CO^2 + 2H^2O + 213$ cal. 5

Egalant les chaleurs dégagées dans les deux cycles, il vient :

$$94 \text{ cal. } 3 + 138 \text{ cal.} = x + 213 \text{ cal. } 5 \text{; d'où l'on tire :}$$

$$x = +18 \text{ cal. } 8.$$

C'est par des procédés analogues qu'ont été obtenues la plupart des chaleurs de combinaison des composés organiques, dont les éléments ne peuvent presque jamais être combinés directement.

2° Calcul de la chaleur dégagée par une réaction.

La loi de l'état initial et de l'état final montre que la chaleur nécessaire pour décomposer une combinaison est égale à celle qu'a dégagée la combinaison. Il suffit, en effet, de considérer les deux cycles suivants ayant le même état initial et le même état final :

1er cycle.	*2e cycle.*
Système $A + B$ sans réaction	$A + B = AB + Q$
Chaleur de réaction $= o$	$AB = A + B + Q'$

d'où :

$$o = Q + Q'$$

et

$$Q' = -Q$$

La même loi permet également de calculer la chaleur que doit dégager une réaction déterminée quand on connaît les chaleurs de combinaison des composés formant l'état initial et l'état final du système.

Soit à trouver la chaleur dégagée dans la double décomposition :

$$AB + CD = AC + BD + x \text{ cal.}$$

Il suffit de considérer les deux cycles suivant ayant même état initial et même état final :

1er cycle.	*2e cycle.*
$A + C = AC + q_1$	$A + B = AB + q_3$
$B + D = BD + q_2$	$C + D = CD + q_4$
	$AB + CD = AC + BD + x$

d'où :

$$q_1 + q_2 = q_3 + q_4 + x \text{ et par suite :}$$

$$x = (q_1 + q_2) - (q_3 + q_4).$$

40. Variation avec la température de la chaleur dégagée par une réaction. — On déduit de la loi de l'état initial et de l'état final que la chaleur dégagée par une réaction déterminée varie en général avec la température. Cette conséquence est extrêmement importante au point de vue des mesures calorimétriques; elle permet également de comprendre comment certains corps, instables à la température ordinaire, sont au contraire stables et se forment directement à des températures très élevées. En voici la démonstration :

Soit une réaction entre plusieurs corps pris à la température t et que nous combinons entre eux dans un calorimètre dont la température finale diffère extrêmement peu de t : la chaleur dégagée par la réaction sera la *chaleur de combinaison de ces corps à la température t*, que nous désignerons par Q_t. Cette opération constitue un premier cycle.

Considérons maintenant un second cycle.

Prenons chaque corps du système initial et portons les isolément à la température T, ce qui absorbe une quantité de chaleur que je désigne par $-A$; effectuons la combinaison des corps à cette température T, ce qui dégage une chaleur $+Q_T$, puis ramenons les produits de la réaction à la température t, ce qui dégage $+B$.

Les deux cycles ayant même état initial et même état final, nous pouvons égaler les sommes des chaleurs dégagées dans chaque cycle :

$$Q_t = -A + Q_T + B \quad \text{d'où :}$$
$$Q_T = Q_t + A - B \quad \text{et} \quad Q_T - Q_t = A - B$$

résultat qui peut s'énoncer ainsi :

La différence entre les quantités de chaleur dégagées par une même réaction, à deux températures distinctes, est égale à la différence entre les quantités de chaleur absorbées par les composants et par leurs produits, pendant l'intervalle des températures.

Cela montre que lorsqu'on produit une réaction dans un

calorimètre, il faut que la variation de température produite dans celui-ci par la chaleur dégagée ou absorbée soit aussi petite que possible, de façon à obtenir un chiffre qui ait une signification déterminée, à savoir la chaleur de réaction à la température (supposée constante) du calorimètre ; c'est pour ce motif qu'il faut opérer la réaction sur de faibles poids et avoir un corps calorimétrique important.

S'il n'y a pas de changements d'état physique dans l'intervalle de température considéré de t à T, on peut donner à l'équation $Q_T = Q_t + A - B$ la forme suivante :

Si l'on appelle p, p', etc., les poids des corps réagissants, c, c', etc., leurs chaleurs spécifiques, p_1, p_1', etc., les poids des produits de la réaction, enfin c_1, c'_1, etc., leurs chaleurs spécifiques, on a :

$$A = \Sigma pc(T - t) \text{ et } B = \Sigma p_1 c_1 (T - t), \text{ d'où :}$$

$$Q_T = Q_t + (\Sigma pc - \Sigma p_1 c_1)(T - t).$$

Si les chaleurs spécifiques varient peu dans l'intervalle de t à T, on pourra, d'une façon approximative, poser $\Sigma pc - \Sigma p_1 c_1 = a$, a étant une constante, et l'équation précédente deviendra, en y faisant $t = o$:

$$Q_T = Q_0 + aT$$

équation qui représente une droite en portant les quantités de chaleur en ordonnées et les températures en abscisses.

On voit que si a est positif la droite représentée par l'équation ci-dessus aura l'allure représentée ci-contre (fig. 15) par la droite MN ; si a est négatif, la droite aura une allure descendante vers les températures croissantes. Le point P où cette droite coupe l'axe des températures correspond à la température θ pour laquelle la réaction a lieu sans dégagement ni absorption de chaleur : aux températures inférieures à θ la réaction a lieu avec

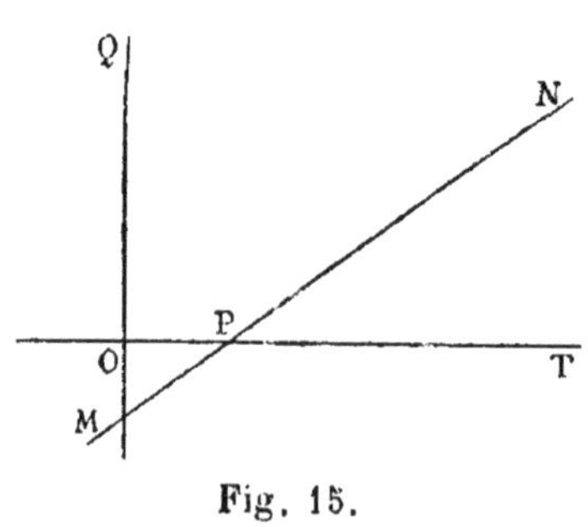

Fig. 15.

absorption de chaleur, aux températures supérieures à θ, avec *dégagement* de chaleur (et inversement si a est négatif); cette température θ est appelée pour cette raison *température d'inversion.*

On en conclut en outre que l'*affinité* de deux corps l'un pour l'autre, que l'on compare souvent à la quantité de chaleur dégagée dans leur action mutuelle, est essentiellement variable avec la température et cela, d'autant plus rapidement que l'expression $\Sigma pc - \Sigma p_1c_1$ a une valeur plus grande. Si celle-ci est très faible (ce qui est le cas de gaz se combinant à volumes égaux comme pour l'acide chlorhydrique), l'affinité change très peu, même dans un intervalle considérable de température ; au contraire, si elle est notable, ou si l'on considère un très grand intervalle de température, l'affinité arrive à changer de signe. C'est ainsi que certains composés dont les éléments ne se combinent pas directement aux températures ordinaires où leur formation est endothermique, se produisent au contraire à des températures extrêmement élevées par union spontanée de leurs éléments : tel est le cas de l'ozone, de l'acétylène, du peroxyde d'azote, etc.

CHAPITRE VI

LOIS CHIMIQUES DE L'ÉNERGIE

RELATIVES AUX RÉACTIONS COMPLÈTES IRRÉVERSIBLES

41. Principe du travail maximum. — Peut-on au moyen des données calorimétriques prévoir les réactions auxquelles peuvent donner lieu plusieurs corps mis en présence?

Tel est le problème que M. Berthelot s'est attaché à résoudre expérimentalement, et dont il a proposé la solution sous forme d'un troisième principe de thermochimie désigné sous le nom de *principe du travail maximum*, et qu'il a énoncé sous les deux formes suivantes :

1° *Tout changement chimique accompli sans l'intervention d'une énergie étrangère (chaleur, électricité, lumière, etc.), tend vers la production du corps ou du système de corps qui dégage le plus de chaleur.*

2° *Toute réaction chimique susceptible d'être accomplie sans le concours d'un travail préliminaire, et en dehors de l'intervention d'une énergie étrangère, se produit nécessairement si elle dégage de la chaleur.*

Si ce principe était rigoureusement exact, il résoudrait complètement le problème de la prévision des réactions, puisqu'il suffirait, étant donné plusieurs corps mis en présence, de chercher dans les tableaux des chaleurs de réaction, celles qui correspondent à toutes les combinaisons possibles avec les corps donnés, et le système de réaction correspondant au dégagement de chaleur maximum devrait, d'après ce principe, se produire nécessairement. En fait, il se vérifie dans un grand nombre de cas, mais il souffre aussi de nombreuses exceptions.

Les combinaisons de l'hydrogène avec les métalloïdes et les actions réciproques de ceux-ci sur ces combinaisons en sont une confirmation parfaite. Il suffit en effet de dresser le tableau des chaleurs de combinaison d'une molécule d'hydrogène avec les principaux métalloïdes pouvant se combiner directement avec lui, pour prévoir ces actions réciproques[1] :

Composants (état gazeux)	Corps formés	Chaleurs dégagées	
		Etat gazeux	Etat dissous ou liquide
		calories	calories
$H^2 + Cl^2 = \dots$	2 H Cl	+ 44	+ 78,8
$H^2 + Br^2 = \dots$	2 H Br	+ 17,2	+ 57,2
$H^2 + I^2 = \dots$	2 H I	— 12,8	+ 26,4
$H^2 + S = \dots$	$H^2 S$	+ 4,8	+ 9,4
$H^2 + O = \dots$	$H^2 O$	+ 58,2	+ 69,0

D'après ce tableau, on conclut du principe du travail maximum que le chlore dégageant plus de chaleur que le brome et l'iode en se combinant avec l'hydrogène déplacera ces deux éléments dans l'état gazeux ou dissous ; de même le brome déplacera l'iode de l'acide iodhydrique gazeux ou dissous. Le chlore et le brome déplaceront également le soufre de l'hydrogène sulfuré gazeux ou dissous, et en revanche l'iode qui doit déplacer le soufre de l'hydrogène sulfuré dissous, doit être déplacé par le soufre de l'acide iodhydrique

1. Berthelot, *Essai de Mécanique Chimique*, t. II, p. 498.

gazeux : toutes ces prévisions déduites du principe du travail maximum sont en effet parfaitement vérifiées.

Mais le principe est en défaut dans l'action du chlore sur la vapeur d'eau : l'oxygène qui devrait déplacer le chlore de l'acide chlorhydrique gazeux à la température ordinaire ne le fait qu'au rouge blanc, tandis qu'aux températures inférieures c'est au contraire le chlore qui décompose la vapeur d'eau. Il est également en défaut : dans l'action de l'hydrogène sur l'oxygène aux hautes températures où la combinaison est de moins en moins complète à mesure que la température s'élève ; — dans l'action de l'acide carbonique sur la chaux vers 800°, où l'on peut mettre en présence les deux corps à la pression ordinaire sans qu'il y ait trace de combinaison bien que la combinaison de $CaO + CO^2$ si elle se réalisait dût dégager environ **30** calories ; — dans le phénomène de la dissolution des solides dans les liquides qui s'effectue aussi bien avec dégagement qu'avec absorption de chaleur ; — enfin dans de nombreuses doubles décompositions salines qui se produisent fréquemment, presque complètes, avec absorption de chaleur (ex. : action de CO^3K^2 en dissolution sur SO^4Am^2), etc.

Il est vrai qu'on peut faire disparaître la plupart de ces exceptions en introduisant le correctif consistant à écarter l'action d'un travail préliminaire et l'intervention d'une énergie étrangère, en un mot tout ce qui est étranger à l'action chimique proprement dite. Mais comme le principe de l'équivalence en thermodynamique ne fait aucune distinction entre les forces extérieures et intérieures et que la loi de l'état initial et de l'état final, sur lequel reposent presque toutes les mesures calorimétriques, est basée sur le principe de l'équivalence, l'exclusion de ces énergies étrangères ne semble pas admissible Nous allons voir, en nous appuyant sur le second principe de thermodynamique, qu'en fait, il est possible de donner au principe du travail maximum une forme rigoureuse ne souffrant pas d'exceptions.

42. Second principe de thermodynamique (principe de Carnot-Clausius). — Du principe de l'équivalence nous avons déduit une relation entre les quantités de chaleur mises en jeu et le travail produit. Mais le principe de l'équivalence de la chaleur et de l'énergie mécanique n'implique pas qu'il soit possible dans tous les cas de transformer complètement en travail une quantité déterminée de chaleur. En cherchant quel était le *coefficient économique* ou rendement des machines à feu, Sadi Carnot dans ses « Réflexions sur la puissance motrice du feu » a établi, en s'appuyant sur l'impossibilité de créer de rien de la puissance motrice, une relation entre le rendement en travail d'une machine et les températures t_1 de la source de chaleur (chaudière) et t_0 de la source de froid (condenseur ou réfrigérant) entre lesquelles elle fonctionne. Considérons une machine à feu produisant du travail mécanique par l'intermédiaire d'un fluide élastique parcourant le cycle réversible suivant (cycle de Carnot) :

1° dilatation isotherme du fluide au contact de la source chaude à la température constante t_1, qui cède au fluide une quantité de chaleur q_1 ;

2° détente adiabatique du fluide jusqu'à la température t_0 du réfrigérant ;

3° contraction isotherme au contact du réfrigérant auquel le fluide cède une quantité de chaleur q_0 ;

4° retour à l'état initial par une compression adiabatique. Sadi-Carnot a montré que dans une telle série de tranformations : « la puissance motrice de la chaleur est indépendante « des agents mis en œuvre pour la réaliser : sa quantité est « fixée uniquement par les températures des corps entre les« quels se fait, en dernier résultat, le transport du calo« rique »[1].

En appliquant ce principe aux gaz parfaits, on déduit que la quantité de chaleur q_1 empruntée au foyer et la quantité de chaleur q_0 cédée au réfrigérant sont proportionnelles aux températures absolues $273 + t_1$, $273 + t_0$ du foyer et du réfrigérant :

$$\frac{q_1}{273+t_1} = \frac{q_0}{273+t_0}$$

1. *Réflexions sur la puissance motrice du feu*, p. 20.

d'où il résulte que le coefficient économique du cycle de Carnot

$$\frac{q_1 - q_0}{q_1} \text{ est égal à : } \frac{t_1 - t_0}{273 + t_1}$$

Clausius, en s'appuyant sur cet axiome que « la chaleur ne peut passer d'elle-même d'un corps froid à un corps plus chaud » a donné une autre démonstration du principe de Carnot, et a étendu l'équation précédente à tous les cycles fermés réversibles, en la remplaçant par une équation différentielle [1] qui va nous servir à tirer des chaleurs dégagées dans les réactions chimiques la signification précise de leur rôle sur le sens des réactions.

Soit un système décrivant un cycle fermé réversible, T la température absolue $(273 + t)$ du système en un point du cycle, dQ la quantité de chaleur infiniment petite qu'il prend ou cède, à partir de ce point, et pendant une transformation infiniment petite, à une source à la même température T (condition nécessaire pour qu'un cycle soit réversible) ; la relation établie par Clausius s'énonce ainsi :

$$\int \frac{dQ}{T} = 0, \textit{ le long d'un cycle fermé et réversible.}$$

Il en résulte que $\frac{dQ}{T}$ est une différentielle exacte pour une transformation réversible.

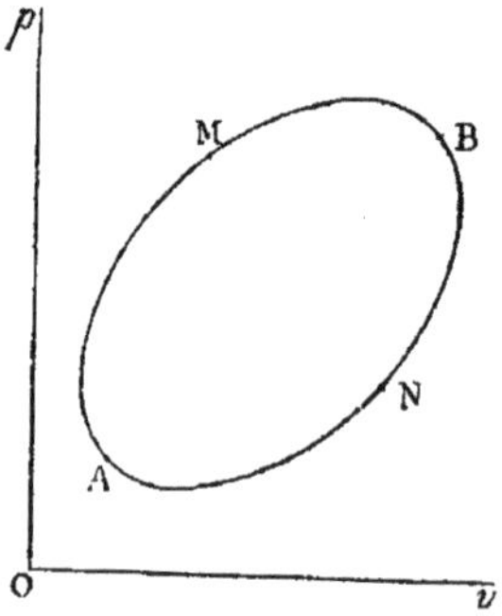

Fig. 16.

En effet, l'intégrale $\int \frac{dQ}{T}$, étendue au cycle entier AMBN (fig. 16), est égale à la somme des valeurs que prend $\int \frac{dQ}{T}$ intégrée de **A** à B le long de **AMB**, puis intégrée de **B** à **A** le long de **BNA**. L'intégrale le long du cycle entier étant nulle, ces deux valeurs sont égales et de signe contraire. Mais, le cycle étant réversible, l'intégrale $\int \frac{dQ}{T}$ le long de **BNA** a une valeur égale et de signe contraire à l'intégrale $\int \frac{dQ}{T}$ le long de **ANB** ; donc, la valeur de l'intégrale de **A** à **B** est la même le long de **AMB** et le long de **ANB**.

1. *Théorie mécanique de la chaleur*, par R. Clausius, traduction F. Folie (Hetzel, éditeur, 1868), p. 153.

Par suite, si, laissant A fixe, on fait varier le point B sur le cycle, l'intégrale $\int \frac{dQ}{T}$ devient une véritable fonction des coordonnées du point **B**; de même, elle est une fonction des coordonnées du point A. Analytiquement, cette propriété se traduit en disant que l'expression sous le signe $\int$ est une différentielle exacte d'une fonction des variables qui définissent l'état du corps.

42. Entropie. — On appelle *entropie* (du grec εντροπη, transformation), la fonction S telle que :

$$dS = \frac{dQ}{T}$$

Le principe de Carnot-Clausius peut s'exprimer alors ainsi : *Le long d'un cycle fermé réversible, la variation de l'entropie est nulle.*

De la définition précédente, il résulte que dans une transformation réversible d'un système passant de l'état A à l'état B, on aura :

$$(1) \qquad \int_A^B \frac{dQ}{T} = S_A - S_B \text{ ou } \int_A^B \frac{dQ}{T} + S_B - S_A = 0$$

S_A et S_B étant les valeurs que prend la fonction S quand on y remplace les coordonnées desquelles dépend l'état du système par leurs valeurs, d'abord dans l'état A, puis dans l'état B.

Mis sous cette forme, le second principe de thermodynamique n'est applicable qu'aux transformations réversibles, et n'est d'aucune utilité pour traiter le cas des transformations irréversibles correspondant aux réactions complètes donnant des composés définis.

Clausius a démontré [1] que dans le cas d'une transformation *irréversible* d'un système passant d'un état A à un état B, on a toujours (en affectant les chaleurs dégagées ou absorbées des signes adoptés en chimie) :

1. « *Théorie mécanique de la chaleur* » de Clausius, mémoire IX.

$$\int_A^B \frac{dQ}{T} + S_B - S_A > 0$$

ou encore :

$$\int_A^B \frac{dQ}{T} = S_A - S_B + P \qquad (2)$$

P étant une valeur positive. Clausius appelle la différence $S_A - S_B$ *transformation compensée*, dont la valeur positive ou négative ne dépend que de l'état initial A et de l'état final B du système ; il donne à P le nom de *transformation non compensée*, dont la valeur toujours positive dépend en général des états intermédiaires du système entre les états A et B..

L'équation (2) ne peut conduire à des applications que si l'on sait intégrer $\int_A^B \frac{dQ}{T}$; mais pour cela, il faudrait connaître Q en fonction de T, condition qui n'est pas réalisée en pratique. On peut en déduire cependant la solution cherchée en supposant que la température T soit constante pendant la transformation : ce cas correspond précisément à la pratique des mesures calorimétriques, où la chaleur dégagée par une réaction n'a de signification qu'à la condition que la température finale diffère aussi peu que possible de la température initiale, et où, par conséquent, les chaleurs de réaction sont mesurées dans des *transformations isothermiques irréversibles*.

L'équation (2) appliquée à ce cas (où T étant constant sort du signe $\int$ et où $\int_A^B \frac{dQ}{T}$ n'est autre que la chaleur Q dégagée par la réaction) devient :

$$Q = T\,(S_A - S_B) + TP \qquad (3)$$

Le terme $T\,(S_A - S_B)$ peut être appelé quantité de *chaleur compensée* dégagée (positive ou négative suivant les cas) ; le terme TP peut être appelé quantité de *chaleur non compensée*, toujours positive (P. Duhem)[1].

1. Voir « *Introduction à la mécanique chimique* », par P. Duhem (1893, Gand, Hoste, éditeur) (ch. IX et X), ouvrage auquel sont empruntés la plupart des développements de ce chapitre.

L'équation (**3**) permet de trouver la véritable expression du principe du travail maximum.

44. Expression exacte du principe du travail maximum. — Prenons un système dans un état donné. Imaginons toutes les transformations possibles de ce système au moyen de réactions chimiques réalisées à température constante dans le calorimètre, et supposons que l'on puisse pour chaque transformation calculer les termes du second membre de l'équation (**3**).

Si toutes les transformations possibles conduisent à un *dégagement de chaleur non compensée négatif*, les réactions considérées seront irréalisables, puisque si l'une d'elles l'était, elle devrait donner un terme TP *positif* : l'état initial est donc un état stable. Au contraire, si nous pouvons imaginer une ou plusieurs réactions correspondant à un dégagement de chaleur non compensée positive, l'état stable correspondra à celle de ces réactions qui entraîne *le dégagement positif de chaleur non compensée maximum*.

On peut donc dire que *tout changement chimique irréversible tend vers la production du système qui dégage le plus de chaleur non compensée*[1].

Pour que cet énoncé puisse avoir une utilité pratique, il faudrait pouvoir mesurer la chaleur non compensée correspondant à une transformation déterminée.

On peut y arriver en utilisant la réaction chimique pour

1. Si l'on multiplie les termes de l'équation (3) par E pour transformer les chaleurs en travail, on pourra énoncer ce résultat de la façon suivante (P. Duhem, *loc. cit.*) :

Un système pris dans un état donné, à une température donnée, est en équilibre stable, si toutes les modifications isothermiques virtuelles de ce système correspondent à un travail non composé nul ou négatif.

Cet énoncé est tout à fait semblable à celui du principe des vitesses *virtuelles* en mécanique :

Un système mécanique, pris dans un état donné, est en équilibre, si toutes les modifications virtuelles de ce système correspondent à un travail nul ou négatif des forces qui lui sont appliquées.

Le *travail non compensé* (ETP) joue donc en thermodynamique le même rôle que le travail des forces en mécanique.

produire une pile voltaïque. La différence entre la chaleur dégagée par la réaction chimique sur laquelle est basée une pile, lorsque cette réaction ne produit pas de courant, et la chaleur dégagée dans la pile en activité, ne se retrouve pas exactement sous forme de chaleur ou de force électromotrice dans le circuit, ainsi que l'ont montré les expériences de Favre et de Raoult. Gibbs a établi que la quantité de chaleur (ou de force électro-motrice équivalente) que l'on retrouve dans le circuit est précisément égale à la partie *non compensée* de la chaleur de réaction disparaissant dans la pile lorsque le circuit est fermé ; on a donc un moyen de mesurer indirectement la chaleur non compensée dégagée par une réaction chimique déterminée, à la condition qu'on sache l'utiliser pour réaliser une pile voltaïque.

On peut également la calculer, ainsi que l'a montré M. H. Le Chatelier [1], toutes les fois que l'on sait réaliser la réaction d'une manière réversible. La quantité de chaleur non compensée est en effet équivalente à la puissance motrice que peut fournir la réaction chimique, puissance dont le calcul est possible quand la réaction peut être accomplie par voie réversible.

D'après cette considération, le principe thermodynamique, qui doit être substitué au principe du travail maximum, peut être énoncé ainsi [2] :

Si plusieurs réactions sont possibles, celle qui tendra finalement à se produire correspondra à la production du travail maximum.

« C'est bien le même énoncé que celui du principe de thermochimie, mais avec cette différence que le travail dont il est question n'est pas le même dans les deux cas : l'un est le travail équivalent à la totalité de la chaleur de réaction,

1. « *Les principes fondamentaux de l'énergétique et leur application aux phénomènes chimiques* », par H. Le Châtelier (*Journal de physique*, 3e série, t. III, 1894).

2. *Sur le principe du travail maximum*, par H. Le Chatelier (C. R. de l'Académie des sciences, 18 juillet 1892).

l'autre est le travail que la réaction considérée peut produire par l'intermédiaire d'une machine ; les deux travaux ne sont pas identiques, pas plus que dans une machine à vapeur, le travail produit n'est équivalent à la totalité de la chaleur fournie par la chaudière » (H. Le Chatelier).

La différence entre les deux énoncés est facile à saisir dans le cas simple où le travail extérieur accompli par la réaction effectuée d'une façon irréversible est nul (P. Duhem) ; c'est d'ailleurs le cas le plus fréquent dans les réactions effectuées au calorimètre, qui le sont généralement sans variation de volume.

Les deux principes de thermodynamique donnent alors les deux équations :

(1) $Q = U_A - U_B$ (chaleur totale dégagée dans la réaction),

(2) $Q = T(S_A - S_B) + TP$

D'où l'on déduit :

(3) $U_A - U_B = T(S_A - S_B) + TP$

D'après le principe du travail maximum, la réaction devrait se produire si $U_A - U_B$ est positif, tandis que d'après le principe thermodynamique, la réaction n'est réalisable que si elle peut donner un terme TP positif, c'est-à-dire fournir une quantité positive de puissance motrice. Ce n'est donc pas la chaleur totale dégagée par une réaction qui détermine le sens de celle-ci, mais bien la partie de cette chaleur qui peut être utilisée sous forme de travail mécanique ; or, le terme $T(S_A - S_B)$ qui peut être aussi bien négatif que positif, peut être notamment négatif et supérieur en valeur absolue à TP, en sorte que la réaction sera parfaitement réalisable bien que Q soit négatif.

Ce qui fait que dans un très grand nombre de cas le principe du travail maximum se vérifie, c'est que pour beaucoup de *réactions énergiques*, et dégageant beaucoup de chaleur, le terme $T(S_A - S_B)$, positif ou négatif, est en valeur absolue très petit, et notablement inférieur à la valeur toujours positive de TP, en sorte que la chaleur utilisable sous forme de puissance motrice diffère assez peu de la chaleur de réaction [1] : dans ce cas les prévisions déduites du principe du travail maximum se vérifient, mais pour qu'il fût rigoureusement exact, il faudrait que la variation d'entropie fût nulle, ce qui n'a pas lieu en général dans les transformations irréversibles.

Prenons au contraire un système dans lequel l'équilibre est déjà établi : toute modification virtuelle du système ne produira aucune chaleur non compensée. Par conséquent la *chaleur non compensée* produite par une modification dans un système partant d'un état déjà très voisin de l'équilibre stable, aura une valeur peu différente de zéro, et par suite, la chaleur dégagée dans une réaction possible en partant de cet état sera composée presque exclusivement de *chaleur compensée* : comme cette dernière peut être aussi bien négative que positive, la réaction pourra donc aussi bien absorber de la chaleur qu'en dégager. C'est ce qui se produit dans beaucoup de doubles décompositions salines, limitées par la réaction inverse, et d'une façon générale, dans toutes les réactions d'équilibre réversibles, où la modification du système peut aussi bien se produire dans le sens qui absorbe de la chaleur que dans celui qui en dégage, suivant le sens de la variation corrélative d'un des facteurs de l'équilibre.

1. Elle en est par exemple les $\frac{93}{100}$ dans la combustion du carbone dans l'oxygène (H. Le Châtelier, cours professé en 1898, au Collège de France).

LOIS CHIMIQUES DE L'ÉNERGIE

RELATIVES AUX RÉACTIONS RÉVERSIBLES

CHAPITRE VII

ÉTUDE EXPÉRIMENTALE DES RÉACTIONS D'ÉQUILIBRE

Nous allons voir tout d'abord comment on a établi expérimentalement l'existence des réactions réversibles aboutissant à un état d'équilibre entre deux réactions opposées, et par quels procédés on a déterminé les facteurs desquels dépend l'équilibre ; nous verrons ensuite quelles lois expérimentales ont pu être déduites de ces expériences; et nous étudierons en troisième lieu comment on peut déduire des principes de la thermodynamique les relations numériques entre les facteurs de l'équilibre, en donnant quelques applications de ces relations dans des cas simples.

45. Phénomènes de dissociation. — La plupart des réactions qui donnent lieu à la formation de composés définis, nettement différents de leurs composants, étant en général des réactions complètes, non réversibles dans les conditions habituelles, on a cru pendant fort longtemps que, à la température atteinte par les corps en réactions, celles-ci étaient ou toujours complètes, ou impossibles, et que, dans tous les cas, les composés définis ne pouvaient être détruits que par une température très supérieure à celle qu'ils atteignent au moment de leur formation.

C'est Henri Sainte-Claire-Deville qui, le premier, a montré par une série d'expériences mémorables [1] que les corps, consi-

1. Publiées de 1857 à 1863 et résumées dans deux *Leçons sur la Dissociation* professées devant la Société Chimique, le 18 mars et le 1er avril 1864 (*Leçons de la Société Chimique*, t. IV).

dérés jusque-là comme les plus stables : vapeur d'eau, acide carbonique, oxyde de carbone, acide chlorhydrique, sont décomposés partiellement par la chaleur à une température même très inférieure à celle que développe la combinaison de leurs éléments : ce savant a ainsi introduit en chimie la notion des *réactions réversibles*, c'est-à-dire limitées par la réaction inverse à la température même où la réaction directe s'effectue, et il a, du même coup, montré l'analogie frappante qui existe entre les phénomènes chimiques des réactions réversibles et le phénomène physique de la vaporisation des liquides.

Voici les considérations qui ont conduit Sainte-Claire-Deville à la découverte de ces réactions auxquelles il a donné le nom de *phénomènes de dissociation*.

46. Expérience de Grove. — C'est tout d'abord l'ancienne expérience de Grove, dans laquelle l'eau est décomposée par le platine incandescent, quand on en laisse tomber un fragment dans l'eau froide au contact de laquelle il dégage des bulles de gaz tonnant. Cette expérience prouvait que des corps tels que l'eau commencent à se décomposer au-dessous de la température qu'ils développent en se combinant ; mais on était tellement imbu de l'idée contraire qu'on avait attribué le phénomène de Grove à une propriété spéciale du platine, appelé *force catalytique* par Berzélius.

En répétant cette expérience, Sainte-Claire-Deville constata tout d'abord que plus la température du platine était élevée, plus il se produisait de gaz tonnant. Puis en fondant du platine en grande masse sous l'action prolongée du chalumeau oxhydrique, il calcula (connaissant la chaleur spécifique du platine, la loi d'accroissement de cette chaleur spécifique avec la température et la chaleur latente de fusion du platine) que la température la plus élevée du platine fondu (qui doit être celle de la température maxima du mélange $H^2 + O$ en combustion) ne dépasse pas 2500°. Mais la quantité de chaleur dégagée par la combinaison de l'hydrogène et de l'oxygène étant de 34 cal. 5 (pour 9 grammes d'eau formée) il est facile de calculer la température x à laquelle devrait être portée la vapeur d'eau : il suffit pour cela d'écrire que la chaleur produite est employée à échauffer de 0° à x la température de 9 grammes d'eau, sachant que la chaleur latente de vaporisation de l'eau, pour passer de l'état liquide à 0° à l'état de gaz à 100°, est de 637 calories (pour 1 kil.) et que la chaleur spécifique de la vapeur d'eau est de 0,475, ce qui donne l'équation :

$$637 \text{ cal.} + (x - 100)\, 0{,}475 = 34 \text{ cal. } 5 \times \frac{1000}{9} = 3833 \text{ cal.}$$

d'où l'on tire $x = 6828$ degrés, chiffre très supérieur à la température maxima de 2500° obtenue d'autre part. D'où vient cet écart? Ne provient-il pas de ce fait que, de même que pour se vaporiser à 100° l'eau absorbe 537 calories sans augmenter de température (d'où le nom de chaleur *latente*), de même pour passer de l'état de vapeur d'eau à l'état de gaz hydrogène et oxygène, un kilogramme de vapeur d'eau absorbe une chaleur latente de *décomposition* énorme comprise dans les 3833 calories du calcul précédent? Sainte-Claire-Deville estimait cette chaleur latente C à 2183 calories par kilogramme au moyen de l'équation suivante :

$$C = 3833 - [637 + (2500 - 100)\,475] = 2183 \text{ cal.}$$

Guidé par ces considérations, Sainte-Claire-Deville fut amené à penser que si la température du chalumeau oxhydrique ne dépasse pas 2.500°, c'est qu'à cette température l'hydrogène et l'oxygène ne se combinent que très-incomplètement, et que, réciproquement, si l'on chauffe de la vapeur d'eau à cette température, elle se décompose, se *dissocie* presque complètement en ses éléments, la dissociation commençant à être sensible au rouge blanc, comme le montrait l'expérience de Grove.

47. Expériences de Sainte-Claire-Deville. — Voici les expériences au moyen desquelles Sainte-Claire-Deville a démontré la possibilité de décomposer l'eau et quelques autres corps très stables à des températures très-inférieures à celles qu'atteignent les produits dans la combinaison de leurs éléments.

Dissociation de la vapeur d'eau. — L'appareil imaginé

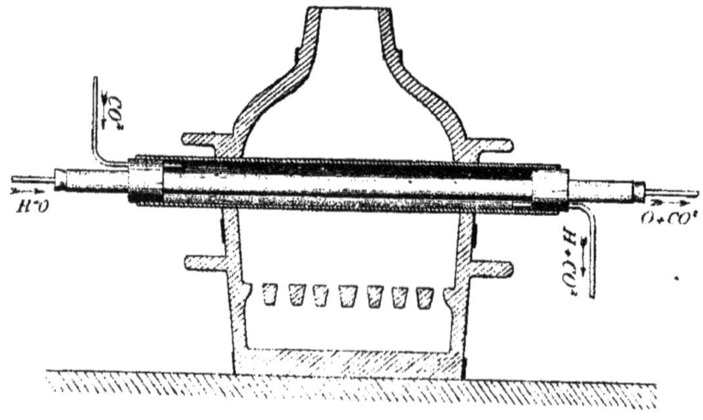

Fig. 17.

par Sainte-Claire-Deville se compose (fig. 17) d'un tube en

porcelaine vernissée, dans l'intérieur duquel se trouve un autre tube en terre poreuse. Le système des deux tubes étant fortement chauffé au rouge blanc, on fait arriver un courant de vapeur d'eau dans le tube poreux et un courant d'acide carbonique dans l'espace annulaire.

Les gaz sortant du tube central et de l'espace annulaire sont reçus séparément dans des éprouvettes contenant une lessive de potasse qui absorbe CO^2, et l'on recueille dans chacune un certain volume. On constate qu'il se dégage : 1° du tube central, de l'oxygène ; 2° de l'espace annulaire, de l'hydrogène avec un peu d'oxyde de carbone, le tout noyé dans une forte quantité d'acide carbonique. La vapeur d'eau a donc été décomposée par la chaleur dans le tube central de terre poreuse : l'hydrogène, d'après les lois de l'endosmose, a traversé la paroi perméable plus rapidement que l'oxygène et s'est séparé de celui-ci, resté dans le tube intérieur, comme par l'action d'un simple filtre. La petite quantité d'oxyde de carbone sorti avec l'hydrogène de l'espace annulaire provient de la réaction à haute température de l'hydrogène sur l'acide carbonique.

Dans ces expériences, on obtenait (en recueillant tous les gaz sous une éprouvette unique) 1 centimètre cube de gaz tonnant par gramme d'eau employé.

Sainte-Claire-Deville a pu réaliser la dissociation de la vapeur d'eau même sans le tube poreux. Il suffit pour cela de faire passer un courant très rapide d'acide carbonique saturé de vapeur d'eau dans un tube de porcelaine rempli de fragments de porcelaine et chauffé au rouge blanc. On recueille ainsi, sur une lessive de potasse, un mélange tonnant, mais en beaucoup moindre quantité qu'avec l'appareil précédent (25 à 30 cm^3 en 2 heures). L'hydrogène et l'oxygène dissociés dans la partie la plus chaude se recombinent en partie avant la sortie de l'appareil ; mais comme ils sont dilués dans une grande masse de gaz inerte qui ralentit leur combinaison, une partie des gaz dissociés peut être entraînée dans les parties les moins chaudes, grâce à la vitesse du courant, et échapper ainsi à la recombinaison.

C'est pour le même motif qu'on obtient une petite quantité de gaz tonnant dans l'expérience de Grove.

Dissociation de l'acide carbonique. — La dissociation de l'acide carbonique en oxyde de carbone et oxygène a été obtenue par Sainte-Claire-Deville en faisant passer un courant d'acide carbonique dans un tube de porcelaine étroit rempli de fragments de porcelaine, chauffé à 1300° : en une heure, pour 7 lit. 83 d'acide carbonique ayant traversé le tube, Sainte-Claire-Deville obtenait 20 à 30 cm³ de $CO + O$ recueillis sur une lessive de potasse.

Dissociation de l'oxyde de carbone. — Sainte-Claire Deville l'a obtenue au moyen d'un appareil remarquable connu sous le nom d'appareil *chaud et froid*. Pensant que l'étincelle électrique, qui décompose beaucoup de gaz, n'agit que par sa haute température pour les dissocier en leurs éléments dont une partie échappe à la recombinaison à cause du refroidissement rapide produit par la masse de gaz environnant l'étin-

Fig. 18.

celle, Sainte-Claire-Deville chercha à réaliser des conditions semblables, mais en n'employant que la chaleur comme agent dissociant.

Son appareil (fig. 18) se compose d'un tube de porcelaine traversé suivant son axe par un tube en laiton argenté. On chauffe le tube de porcelaine à 1200°, pendant qu'un courant d'eau froide, circulant dans le tube de laiton, maintient celui-ci à une température de 10° à 15° seulement. On fait alors passer dans l'espace annulaire un courant d'oxyde de carbone :

on recueille à la sortie un peu d'acide carbonique avec de l'oxyde de carbone non décomposé, et il se dépose du carbone sur la partie inférieure de la paroi du tube de laiton. L'oxyde de carbone s'est donc dissocié sous l'influence de la chaleur en ses éléments oxygène et carbone, qui s'élèvent par suite de leur échauffement au contact de la partie inférieure du tube de porcelaine (partie la plus chaude de celui-ci), rencontrent la paroi froide du tube argenté et y subissent un refroidissement analogue à celui qui se produit autour de l'étincelle électrique : le carbone se dépose et l'oxygène entraîné va se combiner dans les parties moins chaudes du tube de porcelaine avec l'oxyde de carbone en excès pour former de l'acide carbonique.

Dissociation de l'acide sulfureux. — Avec le même appareil chaud et froid, l'acide sulfureux est dissocié en soufre et oxygène : on recueille sur le laiton argenté du sulfure d'argent avec un peu d'acide sulfurique anhydre formé par union de l'acide sulfureux avec l'oxygène mis en liberté.

Dissociation de l'acide chlorhydrique. — Ce gaz étant remarquablement stable aux plus hautes températures, la dissociation est très difficile à constater. Avec le tube en laiton argenté, on n'obtient rien ; mais si l'on amalgame sa surface avec un peu de mercure, on trouve cependant, au bout d'un certain temps, un peu de chlorure double d'argent et de mercure (qui ne se forme pas avec HCl seul, mais bien avec le chlore libre) et l'on recueille une petite quantité d'hydrogène libre.

48. Conclusions tirées par H. Sainte-Claire-Deville de ses expériences : tension de dissociation. — Dans aucune de ses expériences, Sainte-Claire-Deville ne pouvait mesurer l'état de dissociation, ou proportion des éléments dissociés par rapport au corps non décomposé, correspondant à une température donnée, d'abord parce que l'évaluation exacte de cette température est très difficile (la température variant beaucoup d'un point à l'autre des tubes), ensuite parce qu'il est impossible d'apprécier la proportion des éléments d'abord séparés dans les parties les plus chaudes des appareils, et recombinés ensuite partiellement lors de leur passage dans les parties les plus froides. Encore moins pouvait-il vérifier si la réaction avait une limite déterminée, c'est-à-dire si, par exemple, l'on arrivait à la même proportion d'hydrogène et d'oxygène libres et combinés, soit en partant de l'eau, soit en partant du mélange $H^2 + O$, à la même température. On pouvait seulement constater que dans toutes les expériences la proportion des gaz dissociés augmentait avec la température. La température faisait donc croître ce que Sainte-Claire-Deville a appelé la *tension de dissociation*, ainsi définie : étant donné un vase clos contenant par exemple de la vapeur d'eau, on le chauffe à une température T ; on obtient une pression P représentant la force élastique de la vapeur non décomposée et la tension f du mélange d'hydrogène et d'oxygène provenant de la dissociation de la vapeur d'eau. La tension f sera fixe tant que la température T sera constante, baissera si T diminue, croîtra si T augmente ; c'est à cette tension f des produits de la dissociation que Sainte-Claire-Deville a donné le nom de tension de dissociation.

Mais bien que les expériences de Sainte-Claire-Deville n'aient été que qualitatives, ce savant n'a pas hésité à assimiler les phénomènes de dissociation à la vaporisation des liquides, prévoyant ainsi les résultats que les études ultérieures de Debray, Isambert, Troost, etc., allaient vérifier. Voici, en effet, dans quels termes[1] Sainte-Claire-Deville compare le phénomène de la dissociation de l'eau à la vaporisation de ce liquide en vase clos, limitée pour chaque température par une tension fixe de vapeur :

« Si, dans tous les faits qui viennent d'être exposés, nous

1. *Leçons sur la dissociation*, p. 295.

« remplaçons le mot *condensation* par le mot *combinaison*, le « mot *ébullition* par le mot décomposition ; si, au lieu de « parler d'un liquide qui donne des vapeurs, on parle d'un « corps composé qui se résout en ses éléments, si on fait in- « tervenir la chaleur latente de décomposition au lieu de la « chaleur latente des vapeurs, on voit que tout est absolu- « ment parallèle dans les phénomènes qu'on attribue aujour- « d'hui à l'affinité et à la cohésion. La nomenclature reste « la même, seulement il faut trouver un mot qui, dans les « phénomènes de la transformation partielle d'un corps com- « posé en ses éléments, corresponde à l'évaporation ou trans- « formation partielle d'un liquide en vapeur. C'est le mot « *dissociation* que j'ai proposé depuis longtemps et que je « vous propose encore aujourd'hui d'adopter pour exprimer « le fait correspondant à ce que nous appelons évapora- « tion. »

19. Expériences de Debray sur la dissociation du carbonate de chaux. — Les recherches de Debray sur la dissociation du carbonate de chaux constituent l'expérience fondamentale pour la mesure des tensions de dissociation[1].

L'appareil dont il s'est servi se compose d'un tube en porcelaine fermé à ses deux extrémités et communiquant, à un bout avec un manomètre à mercure, à l'autre extrémité avec une machine pneumatique permettant d'y faire le vide. Il plaçait dans l'appareil du carbonate de chaux pur cristallisé (spath d'Islande) et disposait le tube dans une bouteille en fer contenant des liquides à point d'ébullition élevé, percée de deux orifices pour y faire passer le tube et placée sur un fourneau. Le tube est ainsi chauffé par les vapeurs qui se condensent dans un tuyau prolongeant le goulot de la bouteille en fer dans laquelle le liquide condensé retombe constamment : on peut ainsi maintenir à volonté dans cette

1. *C. R. de l'Ac. des Sciences*, 1867, t. LXIV, p. 603.

espèce de bain-marie la température du tube constante tant que le liquide est en ébullition. En chauffant progressivement le tube, où le vide a été fait au préalable, on constate que jusqu'à 450° environ le carbonate de chaux ne subit aucune décomposition, ce que l'on vérifie par l'absence totale de pression au manomètre et par l'aspect du spath d'Islande qui garde sa transparence.

Au-dessus de 450°, le corps commence à se décomposer en acide carbonique et chaux suivant l'équation :

$$CO^3Ca = CO^2 + CaO$$

car l'on constate d'une part que le spath devient blanc et opaque à cause de la chaux formée et que d'autre part le manomètre accuse une certaine pression due au dégagement d'acide carbonique. A mesure que la température s'élève, la pression de ce gaz augmente pour atteindre une atmosphère environ au rouge blanc.

Si l'on maintient la température fixe à un certain degré T, la pression de l'acide carbonique conserve une valeur invariable P ; si, au moyen d'une machine pneumatique, on retire de l'acide carbonique, la pression de celui-ci, qui s'est aussitôt abaissée, revient lentement à sa valeur primitive P, ce qui montre qu'une nouvelle proportion de carbonate de chaux s'est décomposée jusqu'au moment où la pression de l'acide carbonique a repris la valeur P. Si l'on opère avec des récipients de volumes différents, on constate que ces volumes n'ont aucune influence sur la pression atteinte par l'acide carbonique, qui prend la même valeur pour chaque température déterminée.

Si on laisse la température descendre, la pression de l'acide carbonique diminue progressivement en reprenant pour chaque température dans la période descendante la même valeur que dans la période des températures croissantes.

Enfin, si l'on place de la chaux vive et de l'acide carbonique pur dans l'appareil et qu'on le porte à la température T, on voit d'abord la pression monter, parce que la chaux vive n'absorbe pas CO^2 sec à une température inférieure à 400° ou 500° ; puis la pression redescend et finit par atteindre rigoureusement la même valeur que dans la décomposition directe du carbonate de chaux maintenu à la même température : la limite est donc bien la même que l'on parte du carbonate de chaux ou de ses composants.

Ce que Sainte-Claire-Deville appelait tension de dissociation n'est autre, dans l'expérience de Debray, que la pression même de l'acide carbonique, qui est fixe pour chaque température, varie avec elle, et est indépendante du volume occupé par le gaz. L'état d'équilibre du système ne dépend donc que d'une variable indépendante, la *température*, et le phénomène peut être représenté par une relation entre la pression p de l'acide carbonique et la température t :

$$p = f(t)$$

On peut d'ailleurs obtenir cette fonction $f(t)$ empiriquement en représentant la marche du phénomène par une courbe obtenue en portant les pressions en ordonnées et les températures en abscisses. Pour cela, il faut connaître un certain nombre de points de la courbe $p = f(t)$: il est donc nécessaire de chauffer le carbonate de chaux à un certain nombre de températures distinctes rigoureusement fixes, et maintenues assez longtemps (pendant plusieurs heures) pour être certain que l'acide carbonique a atteint la tension maxima correspondant à cette température fixe.

Dans ce but, Debray chauffait son appareil successivement dans la vapeur de divers corps à points d'ébullition convenablement échelonnés : mercure, soufre, cadmium et zinc. Il a obtenu ainsi les tensions suivantes correspondant aux points d'ébullition de chaque corps employé dans le bain :

Point d'ébullition des corps suivants :	Tension fixe correspondante de l'acide carbonique (en millim. de mercure)
—	—
Mercure	0
Soufre. . . .	décomposition sensible en 5 h., mais tension non mesurable.
Cadmium.	85 mm.
Zinc	520 »

Les expériences de Debray ne permettaient pas en réalité de construire la courbe exacte des tensions de dissociation, parce que la température de l'appareil, à cause du rayonnement, était notablement inférieure à celle du point d'ébullition du corps placé dans le bain-marie et n'était pas mesurable : on était seulement en droit d'affirmer qu'elle était constante, et cela suffisait d'ailleurs pour conclure de ces expériences que l'acide carbonique atteignait des tensions fixes de dissociation.

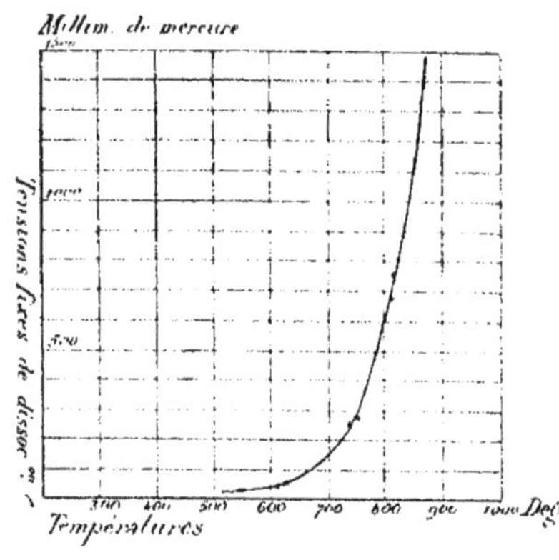

Fig. 19

Ces expériences ont été reprises par M. H. Le Châtelier, qui a déterminé d'une façon rigoureuse la tension de l'acide carbonique à différentes températures, celles-ci étant prises dans le carbonate de chaux lui-même au moyen d'un couple thermo-électrique (pyromètre électrique Le Châtelier). Voici les nombres obtenus ainsi :

Températures	Tension de dissociation
—	—
547°	27 mm.
610°	46 »
625°	56 »

Températures	Tension de dissociation
—	—
740°	255 mm.
745°	289 »
810°	678 »
812°	753 »
865°	1333 »

La courbe ci-dessus (fig. 19) tracée au moyen de ces données présente absolument l'allure des courbes de tension de vapeur des liquides chauffés en vase clos.

50. Expériences de M. Isambert sur la dissociation des chlorures ammoniacaux. — Un grand nombre de chlorures métalliques ont la propriété d'absorber à froid le gaz ammoniac sec pour donner des chlorures ammoniacaux, que la chaleur redécompose en chlorures métalliques (corps solides) et en gaz ammoniac. Les études faites en 1868 par M. Isambert [1] sur ces corps lui ont montré que le mode de décomposition de ces chlorures est absolument semblable à celui du carbonate de chaux : si on les chauffe en vase clos, la décomposition s'arrête quand la tension de l'ammoniac a atteint une certaine valeur qui reste invariable si la température est maintenue fixe ; si l'on retire du gaz avec une machine pneumatique, la pression reprend bientôt la même valeur, elle est donc *fonction* de la température. La réaction est réversible, car si on laisse refroidir l'appareil, l'ammoniaque se recombine peu à peu avec le chlorure métallique. On est donc en présence d'une décomposition limitée par la recombinaison inverse, et l'état d'équilibre du système ne dépend, comme pour le carbonate de chaux, que de la température.

Les expériences de M. Isambert ont porté sur les chlorures (ou iodures) ammoniacaux de l'argent, du calcium, du

1. « *Annales scientifiques de l'Ecole normale* », 1868, et *C. R. de l'Académie des Sciences*, 1868, 1er sem., tom. LXVI, p. 1259.

magnésium, du zinc et du mercure. Les résultats obtenus ont été d'autant plus nets que la décomposition de ces chlorures ammoniacaux s'effectue à des températures assez basses, avec des tensions de dissociation très considérables et croissant très rapidement dans un intervalle assez faible de températures où elles sont faciles à mesurer.

Voici les tensions obtenues avec le chlorure d'argent qui donne, dans un courant de gaz ammoniac : à 10°, le corps $AgCl, 3AzH^3$ et à 30° le corps $2AgCl, 3AzH^3$.

Températures	Tensions de dissociation	
	$AgCl, 3 AzH^3$	$2 AgCl, 3 AzH^3$
0°	293 m/m	»
20	800	93
31	1529	125
57	4880 (AzH^3 liquide)	488
69	»	786
103	»	4880 (AzH^3 liquide)

Les courbes ci-après (fig. 20) représentent graphiquement l'ensemble des résultats obtenus par M. Isambert : elles rappellent absolument les courbes de tension des vapeurs des liquides, et, de plus, sont sensiblement parallèles entre elles.

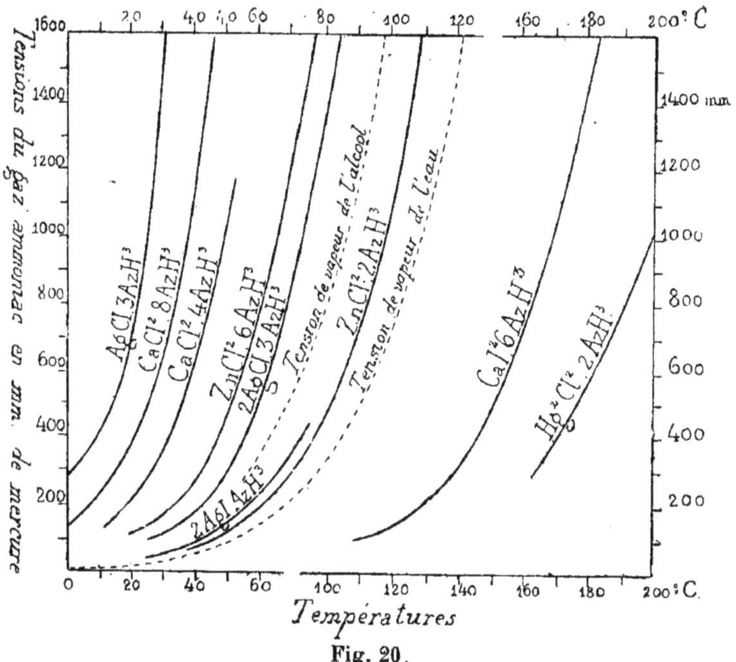

Fig. 20.

51. Expériences de MM. Troost et Hautefeuille sur la dissociation des hydrures métalliques. — MM. Troost et Hautefeuille ont obtenu avec des alliages d'hydrogène et de métaux alcalins : K^2H et Na^2H que la chaleur décompose en métal et hydrogène, des tensions de dissociation déjà appréciables à 330° et croissant rapidement avec la température, ainsi que le montre le tableau suivant :

Températures	Tensions de dissociation	
	de K^2H	de Na^2H
330°	45 m/m	28 m/m
350	72	57
370	122	100
390	363	284
410	736	598
430	1100	910

Ils ont obtenu des résultats semblables avec l'hydrure de palladium (*C. R. de l'Académie des Sciences*, années 1874 et 1875).

52. Expériences de M. Debray sur l'efflorescence des sels hydratés. — Certains sels métalliques prennent, en cristallisant de leur dissolution dans l'eau un certain nombre de molécules d'eau dites de cristallisation qu'ils perdent en partie lorsqu'on expose ces cristaux à l'air : c'est le phénomène de l'*efflorescence* très net sur certains hydrates salins, tels que :

$$CO^3Na^2 + 10H^2O, \; SO^4Na^2 + 10H^2O, \text{ etc.}$$

M. Debray (*C. R. de l'Académie des Sciences,* 1868, 1er sem., p. 194) a montré que ce phénomène obéit aux mêmes lois que la dissociation du carbonate de chaux. En plaçant un sel efflorescent et un petit manomètre à mercure dans un large tube où l'on fait le vide, on constate que le sel hydraté émet de la vapeur d'eau, dont la tension va en croissant jusqu'à une valeur qui reste invariable si la température est maintenue fixe, qui augmente si la température croît, diminue si celle-ci baisse, le sel réabsorbant la vapeur qu'il avait émise quand on élevait la température ; la tension de la vapeur d'eau est la même à une température déterminée, que l'on parte du sel hydraté ou que l'on place dans l'appareil le sel anhydre avec une petite quantité d'eau à côté de lui [1]. Voilà donc encore un phénomène chimique où la décomposition est limitée par la réaction inverse, et où l'état d'équilibre ne dépend que de la température.

1. On a contesté l'existence d'une limite fixe de la tension de la vapeur d'eau émise par certains sels, notamment le sulfate de chaux hydraté ; mais les variations observées tenaient à ce qu'on n'obtenait pas les mêmes hydrates dans toutes les expériences. Les expériences de Debray reprises par Van t'Hoff ont montré à ce dernier que, en opérant toujours dans les mêmes conditions, on aboutissait après un temps suffisamment long (plusieurs mois) à la même limite, que l'on parte du sel hydraté ou du sel anhydre et de l'eau.

53. Dissociations décroissantes avec des températures croissantes. — Dans toutes ces expériences, les tensions de dissociation croissent d'une manière continue avec la température ; en voici d'autres où au contraire l'état de dissociation diminue quand la température s'élève.

MM. Troost et Hautefeuille ont constaté que le sesquichlorure de silicium Si^2Cl^6 (corps liquide bouillant vers 146°) chauffé dans le vide en vase clos se dissocie à partir de 350° en silicium solide et tétrachlorure Si^2Cl^4 (corps liquide se vaporisant à 59°) ; la dissociation s'accentue quand la température s'élève et vers 800° la décomposition est presque totale. Mais si l'on continue à chauffer le récipient, le silicium et le tétrachlorure se recombinent à une température plus élevée, et vers 1.300° le sesquichlorure Si^2Cl^6 est presque entièrement reconstitué.

On est donc en présence d'une réaction réversible à tensions fixes de dissociation :

$$2Si^2Cl^6 \rightleftarrows 3SiCl^4 + Si$$

mais présentant cette particularité que la dissociation du corps Si^2Cl^6 va en croissant jusqu'à un certain point pour diminuer ensuite.

Un phénomène semblable a été constaté par MM. Troost et Hautefeuille sur le protochlorure de platine, l'oxyde d'argent, l'ozone, et par M. Ditte sur les acides sélénhydrique et tellurhydrique : tous ces corps sont comme le sesquichlorure de silicium susceptibles de se produire directement et d'exister à l'état stable à une température supérieure aussi bien qu'inférieure à celle qui peut déterminer leur décomposition.

Nous verrons plus loin (71) que ces faits, loin de constituer une anomalie, sont au contraire une confirmation de la similitude des phénomènes de dissociation et de vaporisation.

54. Expériences de M. Lemoine sur la dissociation de l'acide iodhydrique. — Dans tous les cas examinés jusqu'ici, où les tensions fixes de dissociation ont été mesurées directement par la pression d'un seul gaz dégagé dans la décomposition d'un corps solide, nous avons vu que l'état d'équilibre ne dépend que d'une seule variable indépendante, la *température*, en sorte que les deux facteurs de qui dépend l'état du système (pression et température) doivent être reliés par une équation de la forme $p = f(t)$. On constate qu'il en est de même dans tous les systèmes *hétérogènes*, comme ceux étudiés plus haut où les produits de la décomposition sont d'une part un gaz unique, complètement séparé du composé, et de l'autre un produit solide ne formant pas de mélange homogène avec le composé. Il n'en est plus ainsi lorsqu'on expérimente des systèmes où le composé et les produits de sa décomposition étant sous le même état physique (gazeux ou liquide), sont à chaque instant intimement mélangés et forment un système *homogène*.

On constate alors que l'état d'équilibre dépend non seulement de la *température*, mais aussi de la *pression* s'il s'agit de gaz, de la *concentration* ou *condensation* (masse contenue dans l'unité de volume) s'il s'agit de liquides.

C'est ce qu'ont montré nettement les expériences de M. Lemoine sur la dissociation de l'acide iodhydrique, ainsi que l'étude de l'action de l'eau sur les sels et des doubles décompositions salines.

L'acide iodhydrique, ainsi que l'a montré M. Hautefeuille, placé dans un tube scellé et chauffé, se dissocie en ses éléments, la réaction étant limitée par la recombinaison inverse que l'on peut effectuer d'ailleurs directement à la même température. Comme la combinaison de l'iode et de l'hydrogène ainsi que la décomposition de l'acide iodhydrique s'effectuent assez lentement, on peut facilement, comme l'a fait M. Lemoine, déterminer l'état exact de dissociation de l'acide iodhydrique (ou de combinaison de $I + H$ dans le second cas) en refroidissant rapidement les tubes scellés, dissolvant l'iode dans le sulfure de carbone et le dosant par l'hyposulfite de soude.

M. Lemoine[1] a constaté d'abord que si l'on place dans des tubes de même volume, soit IH, soit un poids correspondant de I + H, on obtient le même état d'équilibre pour chaque température déterminée.

Voici en effet les résultats obtenus dans ces conditions à la température constante de 350°.

Décomposition de l'acide iodhydrique		Combinaison de I + H	
Durée du chauffage à 350°	Rapport de l'hydrogène libre à l'hydrogène total	Durée du chauffage à 350°	Rapport de l'hydrogène libre à l'hydrogène total
9 h...........	3 0/0	3 h...........	88 0/0
70 h...........	20 0/0	8 h...........	69 0/0
167 h...........	21 0/0	34 h...........	48 0/0
159 h...........	18 0/0	76 h...........	29 0/0
		327 h...........	18.5 0/0

Il n'en est plus de même si dans des tubes de même volume contenant la même quantité initiale d'hydrogène, on place des poids différents d'iode : on obtient alors des états d'équilibre différents pour une même température, c'est-à-dire que les proportions d'acide iodhydrique formé dépendent de la pression finale de l'iode et de l'hydrogène restant libres quand l'équilibre est atteint ; de même, si le poids d'iode étant le même dans chaque tube, on fait varier la pression initiale de l'hydrogène.

L'état d'équilibre n'est donc plus aussi simple que dans le cas de la dissociation du carbonate de chaux : la pression de l'un des corps, l'acide iodhydrique par exemple, sera fonction, non seulement de la *température*, mais encore de la *pression* de l'hydrogène et de l'iode libres, et l'état du système sera représenté par une équation de la forme :

$$p_{IH} = f\,(p_I,\ p_H,\ t).$$

55. Décomposition des sels par l'eau. — L'eau agit sur les sels de plusieurs manières : elle peut les dissoudre

1. *Ann. de Ch. et de Ph.*, 1877, tome XII, p. 145

en donnant lieu, dans le cas des solutions saturées, à un équilibre que nous étudierons plus loin (**72**) ; elle peut se combiner chimiquement avec eux en formant des hydrates qui donnent lieu aux phénomènes de dissociation simple étudiés par Debray (**52**) ; enfin, elle exerce sur la plupart d'entre eux une action chimique décomposante qui limite l'action des acides sur les bases dans la formation des sels dissous. Cette action est d'autant plus importante à connaître que ces corps s'emploient le plus souvent en dissolution dans l'eau et que la plupart des réactions des acides, des bases et des sels entre eux s'effectuent au milieu de ce liquide.

Dans un certain nombre de cas, l'action décomposante de l'eau sur les sels se manifeste d'une façon visible, lorsque cette séparation de l'acide et de la base donne lieu à un produit insoluble ou volatil; c'est ce que montre nettement la réaction de l'eau sur le chlorure d'antimoine donnant un oxychlorure insoluble (poudre d'Algaroth), sur le sulfate mercurique donnant un précipité de sulfate basique (turbith minéral), sur le perchlorure de fer, donnant en liqueur étendue un précipité de peroxyde de fer hydraté, enfin sur le bicarbonate de soude, donnant en liqueur diluée un dégagement d'acide carbonique que l'on peut mettre en évidence en l'entraînant par un courant d'hydrogène qui devient alors susceptible de troubler l'eau de chaux ; ces réactions se produisent conformément aux équations :

$$SbCl^3 + H^2O = SbOCl + 2HCl$$
$$3SO^4Hg + 2H^2O = SO^4Hg\,(HgO)^2 + 2SO^4H^2$$
$$Fe^2Cl^6 + 6H^2O = Fe^2\,(OH)^6 + 6HCl$$
$$2CO^3NaH + H^2O = CO^3Na^2 + CO^2 + 2H^2O$$

On constate que pour une quantité d'eau déterminée versée sur un de ces sels, on a un état d'équilibre déterminé entre le nouveau composé métallique produit, l'acide mis en liberté et le sel non décomposé, et que la proportion relative du sel décomposé augmente progressivement si l'on fait croître la quantité d'eau ajoutée. La réaction est d'ailleurs limitée par la réaction inverse, facile à réaliser en mettant en contact dans l'eau les produits de la réaction directe : l'oxychlorure d'antimoine par exemple, mis en présence de l'acide chlorhydrique en dissolution aqueuse, se dissout partiellement en régénérant de l'eau et du chlorure d'antimoine, et si le contact est suffisamment prolongé, on aura le même état d'équilibre en partant du second système que du premier, si la concentration finale de l'acide chlorhydrique, par exemple, est la même dans les deux cas.

Au point de vue des phénomènes calorifiques, ces décompotions sont accompagnées d'un dégagement ou d'une absorption de chaleur, croissant avec la quantité d'eau ajoutée et se rapprochant de plus en plus de la différence algébrique des chaleurs de combinaison des produits des deux systèmes opposés, ce qui montre que la décomposition tend à être totale lorsque la quantité d'eau s'accroît.

L'équilibre étant établi à une température déterminée, on constate que si l'on fait varier la température, l'équilibre change : si on l'élève par exemple, le précipité de sulfate basique de mercure, de peroxyde de fer, le dégagement d'acide carbonique des systèmes précédents ira en augmentant ; le précité d'oxychlorure d'antimoine va au contraire en diminuant. Dans le premier cas, le calorimètre montre que la décomposition des sels par l'eau est accompagnée d'une absorption de chaleur, dans le second cas, d'un dégagement.

Il arrive quelquefois, que la réaction de l'eau sur le sel ne produise pas de précipité ou de dégagement de gaz, mais qu'on puisse encore saisir par une réaction secondaire la décomposition partielle du sel par l'eau : c'est ainsi que le borate de soude en solution concentrée donne dans les sels d'argent un précipité blanc de borate d'argent, et en solution très diluée, un précipité d'oxyde brun produit par la soude libre.

Dans la plupart des cas, l'action chimique de l'eau sur un sel ne produit aucun phénomène visible, et c'est seulement le dégagement thermique (positif ou négatif, et le plus souvent négatif) accompagnant la *dilution* du sel (quantité d'eau croissante ajoutée à une dissolution concentrée) qui manifeste la décomposition du sel par l'eau.

Si l'on produit un sel connu pour être peu stable en présence de l'eau, par neutralisation de l'acide et de la base dissous dans des quantités d'eau croissantes, on constate en effet, d'après le dégagement de chaleur que la combinaison est de moins en moins complète ; ainsi :

1 molécule d'acide borique et 1 molécule d'ammoniaque dissoutes chacune dans 110 molécules d'eau dégagent + 9 c. 44 ; dissoutes chacune dans 660 molécules d'eau elles ne dégagent plus que + 7 c. 27 ; de même, si à une dissolution de 1 molécule de borate d'ammoniaque dans 220 molécules d'eau on ajoute 1.100 molécules d'eau, il y a absorption de — 2 c. 17, chiffre égal à la différence entre 9,44 et 7,27. Cela veut dire d'après les principes de la thermochimie que les $\frac{2,17}{9,44} = 23$ 0/0 du sel ont été dissociés en acide libre et ammoniaque libre : on voit de plus que l'équilibre atteint est rigoureusement le même que l'on parte du sel et de l'eau, ou de l'acide et de la base dissous séparément.

En généralisant ces résultats obtenus avec des sels dont la stabilité ou la décomposition en présence de l'eau étaient connues par des observations particulières, M. Berthelot a montré que les sels formés par des acides forts et des bases fortes (c'est-à-dire dégageant une grande quantité de chaleur en se combinant) ne sont pas sensiblement décomposés par l'eau ; tel est le cas des sulfates, azotates et chlorures de potassium et de sodium qui n'ont pas de chaleur sensible de *dilution*. Les sels formés par une base forte et un acide faible et réciproquement, et *à fortiori* par une base et un acide faibles, sont au contraire fortement décomposés par l'eau. D'une façon générale, si Q représente la chaleur de combinaison d'un sel en partant de la base et de l'acide dissous, q le dégagement thermique pour une dilution déterminée, le rapport $\frac{q}{Q}$ représentera la fraction du sel en état de dissociation.

La décomposition des sels par l'eau, désignée actuellement par le terme d'*hydrolyse* représente donc en résumé un phénomène d'équilibre chimique dans lequel l'état d'équilibre dépend de la température d'une part, et de la proportion des corps en dissolution de l'autre, c'est-à-dire de leur concentration.

56. Doubles décompositions salines ; lois de Berthollet. — Si dans la dissolution aqueuse d'un sel métallique on verse un acide différent de celui du sel, la base du sel se répartit entre l'acide de celui-ci et le nouvel acide ajouté, en sorte que la dissolution contient deux sels et une certaine proportion de chacun des acides à l'état libre ; il se fait de même un partage de l'acide entre deux bases, quand à la dissolution d'un sel, on ajoute une base soluble différente de celle du sel ; enfin, lorsqu'on mélange ensemble les solutions de deux sels différant par l'acide et par la base, il se fait également un échange partiel des acides et des bases, en sorte que l'on a en présence quatre sels dans la dissolution.

Dans un certain nombre de cas, la formation d'un corps insoluble ou volatil montre nettement l'existence de semblables réactions que l'on désigne sous le nom de *doubles décompositions salines*. C'est ainsi que si, dans une dissolution de sulfate de zinc on dissout une certaine quantité d'hydrogène sulfuré, on obtient un précipité insoluble de sulfure de zinc conformément à la réaction :

$$SO^4Zn + H^2S = ZnS + SO^4H^2$$

Il est d'ailleurs facile de s'assurer que la réaction est incomplète, car le poids de sulfure de zinc précipité est inférieur à celui qui correspondrait au poids d'hydrogène sulfuré dissous : il y a donc bien en présence en dissolution chacun des deux acides H^2S et SO^4H^2, plus la proportion de sulfate de zinc non décomposée. On peut constater que la réaction est limitée par la réaction inverse, car si l'on met du sulfure de zinc précipité dans une solution très étendue d'acide sulfurique une partie du sulfure de zinc est attaquée, donnant du sulfate de zinc et de l'hydrogène sulfuré qui entrent en dissolution, et l'on peut vérifier que l'état d'équilibre est le même que l'on parte du système sulfate de zinc et hydrogène sulfuré, ou du système sulfure de zinc et acide sulfurique, à condition que la concentration de l'acide sulfurique, par exemple, restant libre quand l'équibre est atteint, soit la même dans les deux cas. Si, partant de l'un des systèmes, sulfate de zinc et hydrogène sulfuré par exemple, on fait croître la concentration de l'un des corps, l'hydrogène sulfuré par exemple, on constate par l'accroissement du précipité de sulfure de zinc que l'état d'équilibre est modifié. Si, d'autre part, sans changer la quantité des corps en présence, on fait varier la température, on constate de même que pour chaque température distincte, l'état d'équilibre est différent : il n'est pas troublé en revanche si la température restant constante on ajoute ou l'on retire une quantité quelconque du corps insoluble, sulfure de zinc.

On a donc là encore un système en équilibre chimique dont l'état est fonction de la *température* et de la *concentration* de chacun des corps présents *en dissolution*.

Dans les cas où il résulte de la double décomposition un corps insoluble ou volatil, il est souvent assez difficile de constater l'existence d'un équilibre chimique, parce que la réaction est alors fréquemment totale ou presque totale, ainsi que l'a montré le premier Berthollet sur un grand nombre d'exemples qui, multipliés après lui par Gay-Lussac, Thenard, etc., ont conduit à généraliser cette observation et à l'ériger en principe sous le nom de *lois de Berthollet*; ces lois peuvent être résumées dans l'énoncé suivant :

La décomposition d'un sel par un acide, une base ou un sel est d'autant plus complète que de l'échange des acides et des bases peut résulter un composé moins soluble ou plus volatil que les corps réagissant dans les circonstances de l'expérience.

C'est sur cette loi que sont fondées presque toutes les méthodes d'analyses chimiques basées sur la précipitation, pratiquement complète, de composés déterminés, dont les poids permettent de calculer ceux des éléments contenus dans les matières à analyser; c'est également de ce principe que découlent un grand nombre de préparations industrielles.

Mais la réaction n'est pas nécessairement totale, même quand la double décomposition peut donner lieu à un composé tout à fait insoluble ou volatil ; elle peut même se produire en sens contraire, comme Berthollet lui-même l'a fait remarquer en prenant comme exemples des sels insolubles de chaux, tels que l'oxalate de chaux : « L'acide oxalique, dit Berthollet [1], « ne précipite en oxalate de chaux qu'une partie de la chaux qui forme « une combinaison neutre avec un autre acide ; dès que l'acide de la com- « binaison a acquis une certaine énergie par la diminution de la base, il « contrebalance l'effort de l'insolubilité, et l'oxalate de chaux cesse de se « séparer ; l'insolubilité du phosphate ou du sulfite de chaux est encore « surmontée beaucoup plus facilement ; une faible acidité suffit pour en faire « disparaître l'effet. »

On ne peut définir plus nettement un état d'équilibre entre deux réactions inverses, dépendant de la concentration les corps en solution [2].

Lorsque la double décomposition ne donne lieu à aucun produit insoluble ou volatil, l'existence de la réaction et d'une limite fixe entre les deux états opposés ne peut plus être révélée que par voie indirecte, comme dans la majorité des cas de la décomposition des sels par l'eau.

On peut tenter, comme l'a fait Malagutti, de déterminer cette limite en ajoutant au mélange des solutions des deux sels de l'alcool en grand excès, lorsque ces deux sels et ceux provenant de leur double décomposition sont insolubles dans ce liquide ; l'analyse du précipité permet alors de déterminer la proportion des deux sels qui a été transformée dans ceux du système opposé, c'est-à-dire le coefficient de décomposition. Malagutti a ainsi constaté qu'en mélangeant des équivalents égaux des deux sels des systèmes opposés, les proportions de chaque système transformées dans le système opposé correspondaient sensiblement à la même limite ; en voici quelques exemples.

1. *Essai de statique chimique*, par C. L. Berthollet, 1803, tome I, p. 78.

2. L'erreur dans laquelle est tombé Berthollet, et qui a jeté par la suite un discrédit immérité sur l'ensemble de ses théories, a été de croire qu'une base se partage entre deux acides proportionnellement aux masses réagissantes de ceux-ci, alors que, ainsi que nous le verrons plus loin (87), ce partage obéit à une loi tout à fait différente.

Coefficient de décomposition	1er Système		2e Système		Coefficient de décomposition
84 0/0	$2\,KCl$	$+ SO^4Zn \rightleftarrows$	$ZnCl^2$	$+ SO^4K^2$	17.6 0/0
62 0/0	$2\,C^2H^3O^2K$	$+ SO^4Na^2 \rightleftarrows$	$2C^2H^3O^2Na$	$+ SO^4K^2$	36.5 0/0
54.5 0/0	$2\,NaCl$	$+ SO^4Mg \rightleftarrows$	$Mg\,Cl^2$	$+ SO^4Na^2$	45.8 0/0

Si les limites atteintes étaient rigoureusement les mêmes, la somme des coefficients de décomposition des deux systèmes opposés devrait être égale à 100 : on voit qu'elle en diffère fort peu, bien qu'il y ait à craindre que l'introduction de l'alcool dans le mélange ne modifie la proportion des sels existant dans la dissolution aqueuse.

L'éthérification des alcools par les acides, action chimique de tous points semblable aux doubles décompositions salines, qui a été étudiée par MM. Berthelot et Péan de Saint-Gilles au point de vue du coefficient de transformation, permet d'obtenir très nettement la limite correspondant à l'équilibre. Considérons en effet par exemple, l'action de l'acide acétique sur l'alcool ordinaire donnant de l'éther acétique et de l'eau, limitée par l'action inverse de l'eau sur l'éther acétique :

$$\underset{\text{a. acétique}}{C^2H^3O,OH} + \underset{\text{alcool}}{C^2H^5,OH} \rightleftarrows \underset{\text{éther acétique}}{C^2H^3O,OC^2H^5} + \underset{\text{eau}}{H^2O}$$

Comme des quatre corps précédents, un seul, l'acide acétique, est à réaction acide, un essai acidimétrique permet facilement d'obtenir la proportion du premier système transformé dans le second, et inversement. La réaction est d'ailleurs très lente et la limite n'est atteinte qu'au bout d'un temps très long, d'autant plus que la température est moins élevée : à 200°, on obtient comme limite, au bout de 28 h., 67,3 0/0 pour l'alcool éthérifié, en partant du premier système, 69,3 d'éther restant en partant du second (les corps de chaque système étant pris à molécule égale). Dans l'éthérification de l'alcool par les acides benzoïque ou butyrique, les limites obtenues en partant des deux systèmes opposés sont rigoureusement les mêmes.

57. Etude calorimétrique des doubles décompositions salines. — De toutes les méthodes permettant d'obtenir la limite commune des deux réactions inverses dans les doubles décompositions, c'est, comme pour la décomposition des sels par l'eau, le procédé calorimétrique qui est le plus général et le plus précis, l'équilibre final dans les doubles décompositions salines s'établissant presque toujours dans un temps extrêmement court.

Considérons deux sels AB, A_1B_1 dont les dissolutions mélangées produisent une double décomposition en sels AB_1 et A_1B, conformément à l'équation :

$$(1) \qquad AB + A_1B_1 = AB_1 + A_1B$$

en dégageant une quantité de chaleur Q. Si la réaction était complète, on aurait, d'après le principe de l'état initial et de l'état final (38) :

$$(2) \qquad Q = q_3 + q_4 - (q_1 + q_2)$$

en appelant q_1, q_2, q_3, q_4 les quantités de chaleur dégagées dans la formation à partir de l'acide dissous et de la base dissoute, de chacun des sels AB, A_1B_1, AB_1 et A_1B pris respectivement sous les poids entrant dans l'équation (1). Si la chaleur q dégagée dans la double décomposition n'est qu'une fraction $\frac{1}{n}$ de $q_3 + q_4 - (q_1 + q_2)$, le coefficient de décomposition, c'est-à-dire la fraction du premier système transformée dans le second, sera évidemment égal à $\frac{1}{n}$, c'est-à-dire à :

$$\frac{q}{(q_3 + q_4) - (q_1 + q_2)}$$

Inversement, si l'on part du second système et que l'on constate un dégagement de chaleur q' par le mélange des dissolutions des sels A_1B et AB_1, le coefficient de décomposition sera :

$$\frac{q'}{q_1 + q_2 - (q_3 + q_4)}$$

et s'il y a équilibre chimique, l'état final du système devant être le même dans les deux cas, on aura évidemment la relation :

$$\frac{q}{(q_3+q_4)-(q_1+q_2)} + \frac{q'}{(q_1+q_2)-(q_3+q_4)} = 1$$

d'ou l'on tire :

$$q - q' = q_3 + q_4 - (q_1 + q_2)$$

ou enfin

(3) $$q_1 + q_2 + q = q_3 + q_4 + q'$$

C'est ce que vérifient pleinement de nombreuses mesures calorimétriques de M. Berthelot ; si l'on considère, par exemple, la double décomposition entre le sulfate de potasse et l'azotate de soude, et réciproquement [1] :

$$SO^4K^2 + 2AzO^3Na = SO^4Na^2 + 2AzO^3K$$

$$q_1 = 31 \text{ c.}74 \quad q_2 = 27{,}38 \quad q_3 = 31{,}82 \quad q_4 = 27{,}92$$

On trouve au calorimètre que le mélange des solutions

$$SO^4K^2 + 2AzO^3Na$$

dégage :

$$q = 0 \text{ c. } 28$$

Le mélange des solutions

$$SO^4Na^2 + 2AzO^3K$$

dégage :

$$q' = -0 \text{ c. } 34$$

Et l'on a en remplaçant q, q', etc., par leurs valeurs dans l'équation (3) :

$$q_1 + q_2 + q = 59 \text{ c. } 40 \quad q_3 + q_4 + q' = 59 \text{ c. } 40$$

c'est-à-dire deux valeurs identiques.

58. Loi de thermoneutralité des sels. — Ces exemples peuvent être indéfiniment multipliés. Comme on le voit par celui que nous venons de donner, le signe du dégagement thermique peut être aussi bien négatif que positif. Ces dégagements sont en général très faibles, même lorsque le coefficient de décomposition est très élevé, lorsque l'on opère avec des sels neutres formés par des acides forts et des bases fortes. Cela tient,

1. *Mécanique chimique*, tome II, p. 702.

ainsi que l'a constaté le chimiste Hess qui a le premier mesuré la chaleur dégagée par la réaction des acides étendus sur les bases dissoutes, à ce que les divers alcalis dissous (potasse, soude, baryte, chaux) dégagent avec un même acide (chlorhydrique, azotique, sulfurique) à peu près la même quantité de chaleur, toutes les fois qu'ils donnent naissance à des produits solubles : il en résulte que le mélange de deux sels neutres, en dissolution étendue, ne donne lieu qu'à des effets thermiques insensibles ; c'est la loi connue sous le nom de ***thermoneutralité des sels.***

Nous verrons plus loin (87) à quelle loi numérique obéit le coefficient de transformation des doubles décompositions salines : mais ce que l'on peut déduire dès maintenant de la comparaison des cha' .urs dégagées dans ces phénomènes, c'est que d'une manière générale la double décomposition tend à se faire dans le sens de la production du sel qui est le plus stable en présence de l'eau (ou dont la chaleur de dilution est le plus faible) ; c'est d'ailleurs le plus souvent celui dont la chaleur de formation est la plus considérable. Par exemple le mélange de carbonate de potasse et de sulfate d'ammoniaque en solution :

$$CO^3K^2 + SO^4(AzH^4)^2 = CO^3(AzH^4)^2 + SO^4K^2$$

absorbe — 6 c. 36 ; la transformation du premier système dans le système opposé, est presque complète ainsi qu'il résulte du tableau suivant des chaleurs de formation de chacun de ces quatre sels à 15° :

$$\begin{aligned}
CO^2 \text{ diss.} + 2KOH \text{ diss.} &= CO^3K^2 \text{ diss.} + 20 \text{ c.} 20\\
SO^4H^2 \text{ diss.} + 2AzH^3 \text{ diss.} &= SO^4(AzH^4)^2 \text{ diss.} + 29 \text{ c. } 05\\
SO^4H^2 \text{ diss.} + 2KOH \text{ diss.} &= SO^4K^2 \text{ diss.} + 31 \text{ c. } 74\\
CO^2 \text{ diss.} + 2AzH^3 \text{ diss.} &= CO^3(AzH^4)^2 \text{ diss.} + 10 \text{ c. } 70
\end{aligned}$$

D'après ces chiffres la transformation totale absorberait — 6 c. 81 ; le coefficient de transformation est donc $\frac{6,36}{6,81} = 93\ 0/0$; il y a eu absorption de chaleur dans la double décomposition, mais c'est dans le sens de la production du plus stable de ces quatre sels en présence de l'eau, le sulfate de potasse [1], que la réaction s'est produite.

En résumé, les nombreuses recherches faites sur les réactions si importantes des doubles décompositions entre les bases, acides et sels en dissolution, montrent que d'une façon générale ces réactions donnent lieu à de véritables phénomènes d'équilibre dont l'état dépend de la concentration de chacun des corps existant dans la dissolution. Si l'équilibre étant établi à une température *t*, on porte celle-ci à une autre valeur T, l'équilibre initial est détruit et un nouvel état d'équilibre

1. *Mécanique Chimique,* M. Berthelot, tome II, p. 717.

s'établit. On doit en conclure que l'équilibre dépend, non seulement de la concentration des corps dissous en présence, mais encore de la température, et doit être représenté par une équation de la forme :

$$f(c, c', c'' \dots t) = o$$

en appelant c, c', c'', etc., la concentration des corps en dissolution et t la température.

Les corps insolubles n'influent d'ailleurs pas par leur masse sur l'état d'équilibre et leur concentration ne doit pas entrer dans l'équation précédente (ou y figurer seulement sous forme d'une quantité constante). L'insolubilité (ou la volatilité) des corps pouvant résulter de la double décomposition est seulement susceptible, à partir du moment où le corps s'élimine de la dissolution, de déterminer une transformation de plus en plus complète des corps du premier système lorsqu'on fait croître la concentration de ceux-ci, ainsi que nous le verrons plus loin (90).

CHAPITRE VIII

CLASSIFICATION DES RÉACTIONS RÉVERSIBLES

LOI DU DÉPLACEMENT DE L'ÉQUILIBRE

59. Facteurs des équilibres chimiques. — Etant donné des quantités déterminées de plusieurs corps susceptibles de produire une réaction limitée par la réaction inverse, il y a en général une infinité d'états d'équilibre du système correspondant à toutes les valeurs possibles de chacun des facteurs de qui dépend l'état d'équilibre. Les nombreuses expériences que nous venons de résumer dans les paragraphes précédents ont permis de déterminer ces facteurs et de les classer en deux catégories : les facteurs *externes* et les facteurs *internes*.

Comme facteurs externes (c'est-à-dire que l'on peut faire varier par des actions exercées à l'extérieur du système) l'expérience montre qu'ils sont au nombre de trois seulement : la *température*, la *pression* et la *force électromotrice*, c'est-à-dire que dans tous les cas d'équilibre connus jusqu'à présent, l'état du système ne change pas si ces trois facteurs restent constants. En pratique, la force électromotrice mise en jeu dans les réactions chimiques reste constante, et les facteurs externes dont nous aurons à tenir compte se réduisent à deux : la température et la pression.

L'état d'équilibre dépend aussi de certaines causes inhérentes aux corps considérés, et que l'on appelle facteurs internes; ce sont : l'*état chimique* (nature des composés en réaction), l'*état physique* (solide, liquide ou gazeux) et la *condensation* de chacun des corps en présence. Ce dernier seul peut être évalué numériquement par le poids de chaque corps contenu dans l'unité de volume ; pour les gaz, la condensation est proportionnelle à la force élastique, pour les corps en dissolution à la *concentration* (75).

Ainsi, toutes les fois que la température, la pression et la force électromotrice restent constantes, que l'état physique et chimique des corps en présence et leur condensation ne changent pas, l'état d'équilibre du système n'éprouvera pas de modification. Inversement, toute variation de l'un de ces facteurs entraînera une modification de l'état d'équilibre du système.

Il existe donc entre les différents facteurs de l'équilibre une relation $f(p, t, c,...) = o$ qui fait que l'un au moins des facteurs n'est pas une variable indépendante du système, et a une valeur déterminée si l'on donne arbitrairement des valeurs déterminées aux autres facteurs : c'est l'équation $f(p, t, c,...) = o$ pour chaque système qui représentera la loi numérique d'équilibre du phénomène réversible. En pratique, on s'arrange pour que la force électro-motrice et les états physique et chimique des corps en présence soient constants, en sorte que les équations d'équilibre ne renfermeront comme variables que la *pression*, la *température* et la *condensation* (ou *concentration*).

60. Différents modes de classification des systèmes en équilibre chimique. — On peut, comme nous venons de le faire dans l'exposé des études expérimentales sur les réactions réversibles, classer celles-ci par rapport au facteur dont on étudie l'influence sur l'état d'équilibre du système. Il est également nécessaire, pour l'application des principes de la thermodynamique à la recherche des lois qui les régissent, de classer les réactions réversibles en envisagent l'état physique des corps en présence, qu'il y a intérêt, pour simplifier l'étude des équilibres chimiques, à maintenir constant dans l'intervalle de variation des facteurs où s'effectuent les recherches expérimentales sur un équilibre déterminé.

On peut enfin, dans le même but, ainsi que l'a fait Gibbs définir un système chimique en équilibre par le nombre des corps différents qui le composent et par celui des masses distinctes homogènes ou *phases*, solides, liquides ou gazeuses qui le constituent, chaque phase étant formée par un ou plusieurs des corps différents.

Nous n'étudierons ici que la classification des systèmes en équilibre chimique par rapport à l'état physique des corps en présence, qui permet d'appliquer d'une façon plus simple (moins générale il est vrai que dans le système de Gibbs [1]), les principes de la thermodynamique aux données numériques obtenues dans l'étude de ces phénomènes.

On peut partager à ce point de vue les systèmes en équilibre chimique en trois groupes distincts : les *systèmes totalement hétérogènes*, les *systèmes homogènes* et les *systèmes*

1. Dans son mémoire sur l'*Equilibre des substances hétérogènes* (voir la traduction publiée par **M. H.** Le Châtelier, chez Carré et Naud, éditeurs, Paris, 1899), Gibbs démontre que l'état d'une phase est complètement déterminé lorsqu'on connaît la température, la pression et l'entropie de chacun des composants ; et qu'entre ces trois quantités, il existe autant de relations que de phases différentes. Un système de n composants présentant $n+2$ phases distinctes fournit $n+2$ équations entre $n+2$ variables qui sont les n composants, la température et la pression ; le système est donc par là même complètement défini, et si l'on se donne par exemple la proportion des constituants et la température, la pression s'en déduit par la résolution de ces équations. S'il y a moins de $n+2$ phases, la détermination n'est plus complète, et une infinité de valeurs de la pression par exemple pourront satisfaire aux équations qui sont en nombre inférieur à celui des variables. On peut ainsi étudier successivement les systèmes formés d'un seul, de deux, de trois, etc., constituants.

C'est d'après ces principes qu'ont été dirigés les travaux récents de l'Ecole de Leyde, sous la direction de M. Bakhuis Roozeboom, et de l'Université Cornell, à Ithaca (New-York) sous l'impulsion de M. le Pr Bancroft.

partiellement hétérogènes. Nous allons passer en revue les principales réactions correspondant à chacun de ces groupes et préciser leur caractère de réversibilité.

61. Systèmes totalement hétérogènes. — Ils sont caractérisés par ce fait que l'état physique des corps maintient complètement séparés les corps des deux systèmes opposés.

A ce groupe appartiennent d'une part les changements d'état physique : fusion, vaporisation, transformations allotropiques des corps cristallisés, d'autre part les dissociations des composés solides donnant un gaz et un corps solide. En voici quelques exemples :

Fusion. — L'eau liquide se congèle à 0° sous la pression atmosphérique en augmentant de volume. Si la congélation a été effectuée dans un cylindre creux muni d'une vis permettant de comprimer la glace formée, on constate que si l'on exerce une certaine pression P sur celle-ci, *la température restant constante et égale à 0*, le volume diminue et une partie de la glace fond ; à partir de ce moment on peut continuer à faire avancer la vis et à liquéfier toute la glace sans avoir besoin d'augmenter la pression P. Si l'on détourne progressivement la vis, on voit le liquide se recongeler peu à peu et, quand la pression est redevenue égale à la pression atmosphérique, toute la glace s'est reformée.

Si la température du système est maintenue à une température constante inférieure à 0°, on constatera que la liquéfaction de la glace ne pourra être obtenue par le même procédé qu'en exerçant une pression $P' > P$.

On a donc là une transformation réversible dans laquelle les corps des deux états opposés : glace $\rightleftarrows$ eau liquide, sont toujours séparés l'un de l'autre ; l'équilibre du système ne dépend d'ailleurs que de la pression et de la température, conditions identiques à celles de l'équilibre dans la dissociation du carbonate de chaux Comme pour la dissociation du carbonate de chaux, on pourra représenter les états d'équilibre du système : eau liquide ⇄ glace, à pression et température variables, par une courbe obtenue en portant en abscisses les températures (inférieures à 0°) et en ordonnées les pressions correspondantes à celles qui, pour une température déterminée, produisent la liquéfaction de la glace. On obtiendra ainsi (fig. 21) une courbe séparant le plan en deux régions : dans la région située au-dessus de la courbe l'état stable est l'eau liquide, dans la région située au-dessous l'état stable est la glace, et à la limite l'eau liquide et la glace sont en équilibre réciproquement, c'est-à-dire que dans un mélange hétérogène d'eau lilique et de glace sous la pression et à la température correspondant à un point de la courbe, on peut avoir au contact des proportions quelconques d'eau et de glace, la transformation s'effectuant indifféremment dans un sens ou dans l'autre.

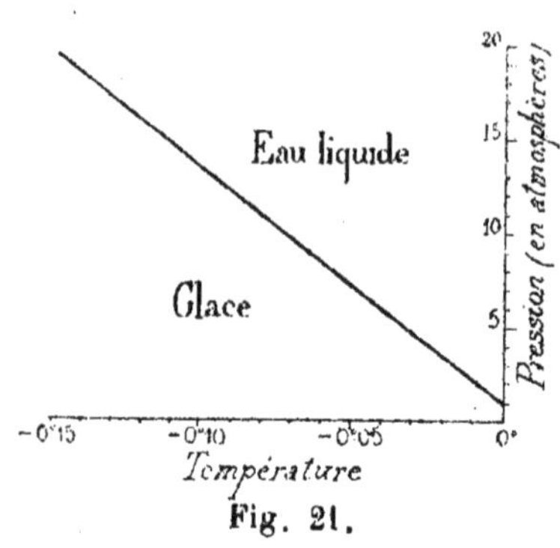

Fig. 21.

Vaporisation. — Nous avons déjà insisté sur l'analogie de la vaporisation des liquides en vase clos avec la dissociation du carbonate de chaux. Comme dans celle-ci l'état d'équilibre est défini par une relation entre la pression et la température.

Transformations allotropiques des corps cristallisés. — Un certain nombre de corps peuvent exister sous deux ou plusieurs formes cristallines : tels sont l'iodure d'argent, l'iodure de mercure, le protoxyde de plomb, le soufre, etc. On peut faire passer ces corps d'une forme cristalline à l'autre, soit par une variation de pression à température constante, soit par une variation de température à pression constante. C'est ainsi que l'iodure d'argent ordinaire jaune pâle, de forme hexagonale, peut être transformé à la température ambiante en iodure jaune foncé du système cubique, de densité supérieure à celle de l'iodure hexagonal, sous une pression de 2.475 atmosphères ; à la pression ordinaire, la même transformation se produit spontanément à la température de 146°. Le phénomène est réversible ; en décomprimant à la température ordinaire l'iodure cubique, il se transforme spontanément en iodure hexagonal ; de même en abaissant la température de l'iodure cubique légèrement au-dessous de 146°, il se transforme spontanément en iodure hexagonal. A la pression de 2.475 atmosphères et à la température ordinaire, ou à la température de 146° et à la pression ordinaire, l'iodure cubique et l'iodure hexagonal peuvent coexister en toute proportion à l'état de mélange hétérogène, et la transformation peut s'effectuer indifféremment dans un sens ou dans l'autre. Au-dessous de 146° à la pression ordinaire, la forme stable de l'iodure d'argent est la forme hexagonale, au-dessus, c'est la forme cubique qui est stable (Mallard et Le Châtelier).

Pour l'iodure rouge de mercure la transformation allotropiqne en iodure jaune s'effectue spontanément à 150° sour la pression ordinaire ; pour le soufre, le passage de la forme octaédrique à la forme prismatique a lieu à 95°6.

Les transformations allotropiques de certains corps solides ou corps gazeux : transformation du paracyanogène en cyanogène (Troost et Hautefeuille), du phosphore rouge en vapeurs de phosphore blanc (Lemoine), sont également des phénomènes réversibles, absolument comparables à la vaporisation des liquides en vase clos.

Dans toutes ces transformations allotropiques, l'état d'équilibre est défini par une relation entre la pression et la température.

Dissociation des composés solides donnant lieu à un gaz et à un corps solide. — C'est le cas des dissociations du carbonate de chaux, des chlorures ammoniacaux, des hydrates salins, des hydrures métalliques, etc., précédemment étudiés, dont la décomposition donne un gaz unique et un corps solide qui reste mélangé au corps initial, mais à l'état de simple juxtaposition et non à l'état de mélange homogène : on a ainsi un système de deux corps solides et d'un gaz complètement séparés, formant un système totalement hétérogène dont l'état ne défend que la pression et la température.

Surfusion. — Dans tous ces phénomènes, le changement d'état n'est jamais instantané et la transformation exige toujours un temps appréciable, quelquefois même assez long avant que l'état d'équilibre ne soit atteint : aussi la température à laquelle la transformation est réversible est-elle souvent assez difficile à déterminer exactement. Il peut même arriver dans certains cas que, par suite de la lenteur de transformation, un corps subsiste longtemps sous un état qui n'est pas le plus stable dans les conditions considérées : tel est le cas de l'eau restant liquide au-dessous de 0 ou au-dessus de 100° à la pression atmosphérique, du phosphore restant fondu à la température ordinaire, etc., bien qu'ils aient dépassé la température de transformation réversible en glace ou vapeur, ou en phosphore solide. Ces corps sont dans un état d'équilibre instable, ou plutôt *hors d'équilibre*, et susceptibles de prendre brusquement l'état physique correspondant à l'équilibre stable, sous l'influence de causes venant à supprimer les résistances passives qui maintiennent le système hors d'équilibre : on dit qu'ils sont en *surfusion*.

62. Systèmes homogènes. — Ils sont caractérisés par ce fait que tous les corps en présence sont sous le même état physique et que leur mélange est à chaque instant rigoureusement homogène.

A ce groupe appartiennent :

1° *les dissociations des gaz composés*, telles que celles de la vapeur d'eau, de l'acide iodhydrique, que nous avons précédemment étudiées, et dans lesquelles l'équilibre dépend à la fois de la température et de la condensation des corps en présence ;

2° *les transformations allotropiques des corps amorphes*. — Certaines vapeurs comme celles de l'iode, du soufre, du peroxyde d'azode, de l'acide acétique, etc., ont des densités décroissant progressivement à mesure que la température s'élève et atteignant une limite fixe à partir d'une certaine température. On explique ce fait en supposant que aux basses températures les molécules de ces gaz sont formées par la réunion de plusieurs molécules simples en une seule molécule condensée que la chaleur croissante dissocie peu à peu en molécules simples, celles-ci ne pouvant exister à l'état libre qu'à haute température et se condensant, se *polymérisant* par refroidissement en repassant par les mêmes états pour chaque température déterminée. C'est ainsi que la vapeur de soufre a vers 500° une densité de 6,6 décroissant jusqu'à 2,2 à 860° et restant fixe à partir de cette température. La densité 2,2 correspond au poids moléculaire $64 = S^2$; la densité 6,6 correspond à un poids moléculaire $192 = S^6$, et l'on admet qu'à une température t intermédiaire entre 500° et 860°, la vapeur de soufre contient à l'état d'équilibre une certaine proportion de chacune des molécules S^6 et S^2, proportion que l'on peut calculer par la règle des mélanges, connaissant la densité de la vapeur de soufre à cette température t.

Les transformations allotropiques du soufre en vapeur peuvent être représentées par l'équation :

$$S^6 \rightleftarrows 3S^2$$

Ce sont donc des phénomènes réversibles, dans lesquels le corps composé en dissociation est la molécule condensée et les produits de sa dissociation sont les molécules simples, phénomènes tout à fait comparables à la dissociation de la vapeur d'eau ou de l'acide iodhydrique en leurs éléments, sous l'influence de la chaleur.

Les liquides et les solides amorphes peuvent également donner lieu à des phénomènes semblables, mais là la transformations est beaucoup plus difficile à saisir, car elle ne se révèle pas par des changements de propriété susceptibles de mesures directes, comme la variation de densité pour les vapeurs de soufre, d'iode, etc.

Pour les liquides, les changements de chaleur d'échauffement et de viscosité (soufre fondu), suivant la température, les anomalies que présentent par rapport aux autres liquides certains corps comme l'eau et l'alcool, lorsqu'on étudie, comme l'a fait M. Ramsay, les variations de leurs tensions capillaires suivant la température, sont autant d'indices certains de transformations allotropiques, de polymérisations.

Pour les solides amorphes, (verres, résines, etc.), la continuité des phénomènes naturels autorise à penser qu'ils sont susceptibles de transformations allotropiques, mais on n'est pas encore arrivé à les manifester d'une façon certaine.

Dans tous les cas d'équilibre des systèmes homogènes que nous venons d'examiner, l'état dépend de la température et des condensations des corps en présence, la condensation de l'un quelconque des corps étant fonction de la température et de la condensation des autres corps du système.

63. Systèmes partiellement hétérogènes. — Ils sont caractérisés par ce fait que deux au moins des corps sont sous le même état physique et peuvent former un mélange homogène, distinct de un ou plusieurs autres corps du système. Les transformations suivantes rentrent dans ce cas :

1° *Action de gaz simples ou composés sur certains corps solides.* — La vapeur d'eau est décomposée à une température suffisamment élevée par un grand nombre de métaux, comme le fer, en donnant de l'hydrogène et un oxyde métallique qui, à la même température peut être réduit par l'hydrogène pour redonner le métal et de l'eau ; la réaction est donc réversible :

$$3Fe + 4H^2O \rightleftarrows Fe^3O^4 + 8H$$

Les proportions relatives de fer et d'oxyde n'interviennent en aucune manière sur l'état d'équilibre du mélange vapeur d'eau hydrogène, qui ne dépend que de la température et de la condensation des deux gaz.

Il en est de même de la décomposition d'un certain nombre d'oxydes par l'acide chlorhydrique à haute température limitée par la réaction inverse de la vapeur d'eau formée sur le chlorure, ainsi que de l'action de l'oxygène sur certains chlorures, comme celui de magnésium, qu'il transforme en oxyde et chlore, la réaction étant limitée par la décomposition inverse de l'oxyde par le chlore à la même température.

2° *Dissociations où les corps peuvent être mélangés par fusion.* — C'est le cas de la dissociation de l'oxyde cuivrique en oxyde cuivreux et oxygène ($2CuO \leftrightarrows Cu^2O + O$) étudié par MM. Debray et Joannis. Tant qu'on ne chauffe l'oxyde cuivrique qu'au dessous de 1000°, cet oxyde, ainsi que l'oxyde cuivreux résultant de la décomposition, restent à l'état solide, par conséquent à l'état de mélange hétérogène, et l'on constate que l'oxygène présente des tensions fixes de dissociation, indépendantes du volume du récipient dans lequel on opère la décomposition de l'oxyde cuivrique, absolument comme dans celle du carbonate de chaux. Mais si l'on chauffe à une température supérieure à 1000°, les deux oxydes entrent en fusion et forment un mélange homogène, et l'on constate que si, par exemple, on retire de l'oxygène de l'appareil, sa tension ne reprend plus sa valeur initiale : elle varie pour une même température avec la composition du mélange fondu d'oxydes cuivreux et cuivrique, elle est fonction de la *condensation* de chacun de ces corps comme dans le cas des systèmes homogènes, et il n'y a plus, pour une température donnée, de tension fixe de dissociation.

3° *Dissolution réciproque des gaz, des liquides et des solides.* — La disparition d'un corps solide dans un liquide donnant un mélange homogène ou *solution*, devient un phénomène d'équilibre chimique lorsque le liquide est *saturé* du corps dissous au contact d'un excès du corps solide. On sait en effet qu'en général un poids donné du dissolvant ne peut dissoudre une quantité indéfinie du corps solide, et que, à une température et une pression déterminées, le rapport entre le poids du corps solide dissous et le poids du dissolvant est fixe. Si, le liquide étant saturé dans des conditions de température et de pression déterminées, on élève la température, par exemple, d'une quantité infiniment petite dt, une nouvelle quantité infiniment petite ds du corps solide se dissoudra (dans le cas où sa solubilité augmente avec la température), et l'on atteindra un nouvel état de saturation correspondant à la valeur $t+dt$ de la température ; si l'on ramène la température à sa valeur initiale t, il se déposera de la solution une quantité du corps solide précisément égale à ds, et le système sera revenu à son état initial. La dissolution d'un corps solide dans un liquide à saturation au contact d'un excès du corps solide, donnant un système partiellement hétérogène (le corps dissous et le dissolvant étant dans un même état physique, différent de celui du corps solide) constitue donc un phénomène réversible, et l'on obtient la même limite dans des conditions déterminées de température et de pression, que l'on parte du corps solide en excès et du dissolvant pur, ou de la dissolution dont on retire du dissolvant (par évaporation, par exemple) jusqu'à ce que le corps dissous commence à se déposer.

La dissolution des gaz dans les liquides, au contact d'un excès de ce gaz (de l'acide carbonique dans l'eau, par exemple), d'un liquide dans un autre liquide au contact d'un excès de l'un d'eux (dissolution de l'éther ordinaire dans l'eau au contact d'un excès d'éther), donne lieu de même à des équilibres chimiques.

Certains solides absorbent des gaz en quantité plus ou moins considérable (absorption du gaz ammoniac par le charbon, par exemple) en formant des sortes de dissolutions qui donnent lieu à des équilibres chimiques, la concentration du gaz dans le solide dépendant de la pression extérieure de ce gaz. Réciproquement, les gaz peuvent dissoudre les liquides et les solides. Si l'on fait agir des gaz à très haute pression sur un liquide (l'oxygène sur le brome, par exemple), on voit le gaz se charger de plus en plus de vapeurs du liquide au fur et à mesure que la pression augmente ; si l'on diminue peu à peu la pression, on voit la vapeur du liquide se recondenser progressivement. Le camphre se dissout de même dans l'éthylène comprimé (P. Villard) : ce sont encore là des phénomènes d'équilibre.

Il n'en est pas de même de la dissolution d'un gaz dans un autre gaz : les gaz connus jusqu'à présent se mélangent en effet en toutes proportions suivant la loi connue du mélange des gaz, quelque soit l'excès d'un gaz par rapport à l'autre.

Enfin il existe encore de véritables dissolutions de solides dans les solides, encore peu étudiées au point de vue des équilibres auxquels elles peuvent donner lieu. Tous les mélanges homogènes de corps amorphes solides représentent des solutions de ce genre : tels sont les verres et les émaux qui sont des mélanges homogènes de corps amorphes (silicates, acide silicique, acide borique, etc.), les mélanges de résines, de gommes, etc. La gélatine est susceptible de donner, avec des composés cristallisés, des mélanges amorphes homogènes : telles sont les dissolutions d'azotate d'argent et de bichromate de potasse dans la gélatine qui, une fois solidifiées, ne laissent apercevoir au moyen du microscope polarisant aucune trace de corps cristallisé dans la masse [1].

Les corps cristallisés peuvent également donner lieu à des mélanges homogènes : c'est le cas de deux corps isomorphes pouvant coexister dans le même cristal en proportions variables d'une façon continue. De semblables dissolutions solides ne peuvent pas donner lieu en général à des équilibres, le mélange pouvant être fait en proportions quelconques, comme dans le cas du mélange des gaz ; il n'en serait pas de même si l'on pouvait constater une limite de saturation d'un corps par son isomorphe.

En définitive, pour les solutions à saturation, les cas d'équilibre le mieux reconnus sont ceux de la dissolution des gaz, des liquides et des solides dans les liquides ; dans tous ces phénomènes, l'état d'équilibre dépend (en outre de la

1. *Recherches sur la dissolution*, par H. Le Châtelier.

pression, généralement constante dans les cas des solutions ordinaires de solides dans les liquides) de la *température* et de la *concentration* de chacun des corps existant dans la solution, qu'il n'y a pas lieu à cet égard de distinguer en corps *dissous* et corps *dissolvant*, la concentration de chacun d'eux intervenant au même titre.

4° *Equilibres dans les doubles décompositions salines.* — L'action des acides, des bases et des sels sur les sels en dissolution formant des précipités insolubles est, en règle générale, comme nous l'avons vu précédemment (56), incomplète et limitée par la réaction inverse à la même température, en sorte qu'il s'établit pour chaque température un état d'équilibre entre les corps en présence du premier système et du système opposé : cet état dépend non seulement de la température, mais encore de la concentration de chacun des corps présents dans la dissolution. S'il ne se forme aucun précipité, on rentre dans le cas des systèmes homogènes.

Nous voyons donc, en résumé, que dans tous les systèmes partiellement hétérogènes, l'état d'équilibre dépend, comme pour les systèmes homogènes, de la température, de la pression extérieure au système (dans les cas ordinaires la réaction se passe à l'air libre et cette pression est constante) et de la condensation ou concentration des corps en présence (égale à la force élastique pour les gaz et se réduisant à une constante n'influant pas sur l'équilibre pour les corps solides).

64. Loi du déplacement de l'équilibre de H. Le Châtelier. — Les relations numériques que l'on peut établir entre les divers facteurs de l'équilibre, soit en partant d'hypothèses vérifiées *a posteriori*, soit comme nous le ferons plus loin, en s'appuyant sur les principes de la thermodynamique, ne peuvent être vérifiées ou utilisées qu'à la condition d'avoir les moyens d'effectuer la mesure précise de la température, de la pression et de la condensation des corps du système en réaction. Dans les applications pratiques, on n'a en général d'intérêt à connaître que *qualitativement* le sens des transformations d'un système de corps en équilibre, quand on les chauffe, les comprime, etc.; or, on a pu établir expérimentalement un principe fort simple actuellement désigné sous le nom de *loi du déplacement de l'équilibre*, permettant de déterminer *a priori*, dans la plupart des cas, le sens de la transformation d'un système en équilibre chimique lorsqu'on fait varier un seul facteur à la fois. Ce principe peut être considéré comme une loi purement expérimentale déduite de l'ensemble des études faites sur les équilibres chimiques; mais on peut facilement en vérifier *a posteriori* l'exactitude sur les équations déduites des principes de la thermodynamique.

La première idée en est due à Van t'Hoff qui, en étudiant le sens de la transformation des systèmes chimiques en équilibre quand on en fait varier la température, a énoncé la loi suivante qu'il a désignée sous le nom de *principe de l'équilibre mobile*.

« Tout équilibre entre deux états différents de la matière « (systèmes) se déplace, par un abaissement de la tempéra- « ture, vers celui des deux systèmes dont la formation déve- « loppe de la chaleur[1]. »

En étudiant l'influence des variations des autres facteurs (pression, condensation) dans les équilibres connus, M. H. Le Châtelier a reconnu que le principe de l'équilibre mobile peut être étendu à tous les facteurs de l'équilibre, et il a formulé, sous le nom de « *Loi de l'opposition de la réaction à l'action* », l'énoncé suivant qui est la forme définitive de la loi du déplacement de l'équilibre, dans toute sa généralité :

« *Tout système en équilibre chimique éprouve, du fait de*

1. *Etudes de dynamique chimique*, par Van t'Hoff (p. 161).

« *la variation d'un seul des facteurs de l'équilibre, une trans-* « *formation dans un sens tel que, si elle se produisait seule,* « *elle amènerait une variation de signe contraire du facteur* « *considéré*[1]. »

Nous allons passer en revue successivement les différents facteurs de l'équilibre, et indiquer pour chacun l'énoncé correspondant de la loi précédente, ainsi que ses principales applications.

65. Application au facteur température. — *L'augmentation de la température de tout un système chimique en équilibre amène une transformation qui tend à abaisser la température, et inversement.*

1° *Transformations dimorphiques réversibles.* — Toutes les transformations qui sont accompagnées d'une *absorption de chaleur* sont favorisées par une *élévation de température;* exemples : transformation du soufre octaédrique en soufre prismatique, de l'iodure rouge en iodure jaune de mercure, de l'azotate de potasse prismatique en azotate rhomboédrique, de l'oxyde rouge de plomb (litharge) en oxyde jaune (massicot), etc., toutes modifications correspondant à une absorption de chaleur et produites par une élévation de température. Quand une transformation dimorphique est occasionnée par une élévation de température avec *dégagement* de chaleur, on peut être assuré qu'elle n'est pas réversible : tel est le cas de la transformation des oxydes de magnésium, de fer, de chrome, d'aluminium, etc., précipités par voie humide, en oxydes cristallins dits *cuits* sous l'influence de la chaleur.

2° *Phénomènes de dissolution.* — Quand la dissolution d'un corps dans un autre dégage de la chaleur, sa solubilité diminue quand la température s'élève; exemples : gaz dissous dans l'eau, solution dans l'eau de plusieurs sels de

1. *Recherches expérimentales et théoriques sur les équilibres chimiques,* par H. Le Châtelier (p. 48 et suiv.).

chaux, du sulfate de soude anhydre, etc. La solubilité augmente au contraire si la solution est accompagnée d'une absorption de chaleur ; exemples : solubilité croissante avec la température de presque tous les corps solubles dans l'eau qui a lieu généralement avec absorption de chaleur, solution de l'éther dans l'eau, etc. [1].

3° *Phénomènes de dissociation.* — Tous les corps formés avec dégagement de chaleur et dont par suite la décomposition absorbe de la chaleur, ont une dissociation croissante avec la température (carbonate de chaux, acide carbonique, eau, etc.) ; au contraire les corps à décomposition exothermique (ozone, peroxyde d'azote, acétylène, etc.), sont beaucoup plus stables (moins dissociables) aux températures très élevées.

4° *Doubles décompositions.* — Une double décomposition exothermique est d'autant moins complète que la température est plus élevée. C'est ainsi que la décomposition de l'acide carbonique par l'hydrogène :

$$H^2 + CO^2 \rightleftarrows H^2O + CO$$

qui est exothermique, diminue quand la température s'élève.

La décomposition des sels par l'eau croît avec la température si la réaction absorbe de la chaleur (par exemple : action de l'eau sur le sulfate de mercure) ; elle décroît au contraire avec la température si la réaction se dégage de la chaleur (par exemple : action de l'eau sur le chlorure d'antimoine).

La décomposition du chlorure de potassium par le brome, la réduction du sesquichlorure de chrome par l'étain, qui absorbent de la chaleur, augmentent avec la température ; au contraire, l'action de l'hydrogène sulfuré sur le chlorure

1. On ne doit prendre bien entendu le signe thermique de la dissolution qu'en faisant dissoudre le corps dans une solution déjà très voisine de la saturation, c'est-à-dire dans un système déjà voisin de l'équilibre.

de zinc qui dégage de la chaleur, diminue avec la température.

Lorsque la réaction ne dégage que peu ou point de chaleur, l'état d'équilibre est sensiblement indépendant de la température : tel est le cas de l'éthérification des alcools par les acides qui donne des dégagements thermiques très faibles, et dans lequel la limite atteinte (proportion d'éther formé) est indépendante de la température.

66. Application au facteur pression. — *L'augmentation de la pression de tout un système chimique en équilibre amène une transformation qui tend à faire diminuer la pression, et inversement.*

C'est ainsi que la compression abaisse le point de fusion des corps si cette fusion est accompagnée d'une diminution de volume, elle l'élève, si cette fusion est accompagnée d'une augmentation de volume.

Les transformations dimorphiques accompagnées d'une diminution de volume s'obtiennent à des températures de plus en plus basses quand la pression augmente (par exemple : transformation dimorphique de l'iodure d'argent abaissée de plus de 100 degrés sous une pression de 3.000 atmosphères).

Une augmentation de pression amène la condensation d'une vapeur, tandis qu'une diminution de pression favorise la vaporisation des liquides.

Les dissociations se produisant avec augmentation de pression sont accrues quand la pression diminue, et diminuées si la pression augmente ; ainsi, le carbonate de chaux, chauffé en vase clos à une température où il se dissocie partiellement, se décompose de plus en plus si on retire du gaz carbonique, de moins en moins si on en introduit (ou qu'on le comprime, ce qui revient au même). Cette influence de la pression sur la dissociation a reçu des applications pratiques de temps immémorial dans la fabrication de la chaux ; la température de décomposition complète du carbonate de chaux qui, sous la pression atmosphérique, n'aurait lieu que vers 840° (49), est en effet notablemeut abaissée en pratique par la présence de l'*eau de carrière* qu'on laisse subsister dans la pierre à chaux. Cette eau en se vaporisant pendant la cuisson de celle-ci, entraîne peu à peu l'acide carbonique qui se dégage dès le rouge sombre ; elle diminue ainsi constamment la tension de ce gaz, en sorte que la décomposition complète se produit à une température bien inférieure à celle où cette tension atteindrait une atmosphère, si le gaz carbonique n'était pas dilué et entraîné par la vapeur d'eau.

Les molécules condensées susceptibles de se résoudre en molécules plus simples, occupant un volume plus grand (vapeurs de soufre, iode, etc.), se dissocient à température constante, de plus en plus si la pression diminue, de moins en moins si elle augmente.

En revanche, quand la dissociation n'est accompagnée d'aucun changement de volume, l'état d'équilibre est indépendant de la pression (dissociation de l'acide iodhydrique, éthérification, etc.).

67. Application au facteur condensation. — *L'augmentation de condensation d'un seul des éléments détermine une transformation dans un sens tel qu'une certaine quantité de cet élément disparaisse, ce qui tend à diminuer sa condensation, et inversement.*

C'est ainsi que dans la dissociation de l'acide iodhydrique où la condensation intervient comme facteur de l'équilibre, l'addition d'hydrogène à l'acide iodhydrique dissocié (augmentation de condensation de l'hydrogène) provoque la combinaison d'une nouvelle quantité d'hydrogène à l'iode (diminution de condensation de l'hydrogène), tandis que l'addition d'acide iodhydrique provoque la décomposition d'une nouvelle quantité de ce corps.

De même dans la décomposition des sels par l'eau en sel basique et acide, l'addition d'une certaine quantité de cet acide provoque la combinaison du sel basique avec l'acide, tandis qu'une addition d'eau (ou du sel neutre, provoque la décomposition d'une nouvelle quantité du sel neutre).

Enfin ce principe se vérifie constamment dans les doubles décompositions qu'on rend de plus en plus complètes en augmentant la concentration de l'un des corps du premier système ; c'est ainsi que dans l'éthérification de l'alcool ordinaire par l'acide chlorhydrique :

$$C^2H^5.OH + HCl = C^2H^5.Cl + H^2O$$

dont la limite est de 66 0/0 d'alcool éthérifié si les corps sont pris à équivalents égaux, la réaction devient de plus en plus complète si l'on augmente la proportion de l'acide chlorhydrique par rapport à l'alcool, l'éthérification de celui-ci ayant pour résultat de faire disparaître de l'acide chlorhydrique, ce qui est bien conforme au principe énoncé.

L'influence de la condensation d'un des corps du premier système est encore plus marquée si l'un des corps du deuxième système est insoluble ou volatil, ce qui a pour effet de donner les réactions complètes conformes aux lois de Berthollet, ainsi que nous le verrons plus tard (90).

Cette influence de la condensation des corps sur le sens complet des réactions donnant lieu à des équilibres chimiques explique ainsi l'*action de masse*, dont les applications sont si nombreuses en chimie.

CHAPITRE IX

LOIS NUMÉRIQUES DES ÉQUILIBRES CHIMIQUES

68. Lois de l'équilibre dans les systèmes totalement hétérogènes. — L'application des principes fondamentaux de la thermodynamique aux équilibres chimiques permet d'établir des relations numériques entre les facteurs de l'équilibre et de trouver la valeur de l'un d'eux quand on connaît celle des autres. Nous allons voir dans le cas le plus simple, celui des systèmes totalement hétérogènes, comment se fait cette application, et pour les autres cas, nous nous contenterons de donner l'équation correspondante, en renvoyant pour leur démonstration aux mémoires originaux.

Nous avons constaté que le phénomène de la dissociation du carbonate de chaux était de tous points comparable au phénomène de la vaporisation des liquides en vase clos : l'étude du cycle qu'on applique d'ordinaire à ce dernier phénomène, conduit en effet à une relation, due au physicien français Clapeyron, entre la température, la tension maxima de vapeur correspondante et la chaleur latente de vaporisation, relation qui est directement applicable à la dissociation du carbonate de chaux et permet d'étendre les principes de la thermodynamique aux phénomènes de dissociation simple, ainsi que l'ont fait remarquer, en 1871, les savants français, J. Moutier[1] et H. Peslin[2].

1. *C. R. de l'Académie des Sciences*, t. LXXII, p. 759, 1871.
2. *Ann. de ch. et de phys.*, t. XXIV, p. 208, 1871.

69. Equation de Clapeyron. — Voici comment peut s'établir cette relation. Considérons, par exemple, 1 kilogramme d'un liquide à la température T sous la tension maxima de vapeur P, dans un récipient de volume variable qu'il remplit complètement ; soit V le volume du liquide, A le point du plan représentant l'état du système (fig. 22). Vaporisons complètement le liquide sous la pression maximum constante P à la température T (ligne AB du cycle) ; soit V′ le volume occupé par la vapeur à ce moment. Laissons détendre adiabatiquement la vapeur, de façon que sa pression devienne $P - dP$, son volume $V' + dV'$; sa température devient $T - dT$ (ligne BC du cycle). Comprimons à la température constante $T - dT$ la vapeur sous la pression constante $P - dP$ (ligne CD du cycle) ; enfin comprimons adiabatiquement le système, de façon à le faire revenir à l'état initial (ligne DA du cycle).

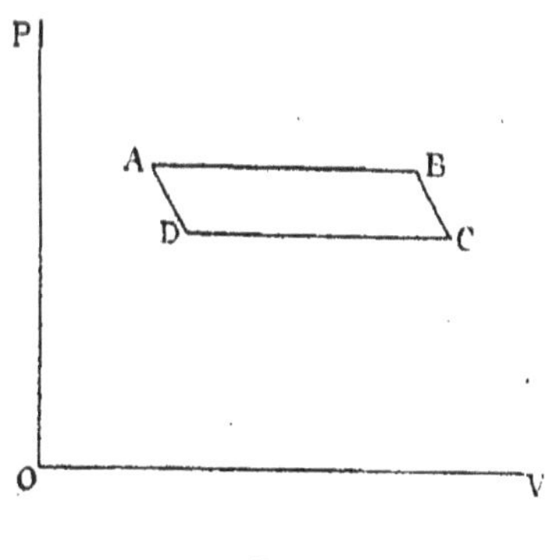

Fig. 22

Le travail produit (33) est égal à l'aire du parallélogramme

$$ABCD = (V' - V)dP$$

il est équivalent en chaleur à :

$$\frac{1}{E}(V' - V)dP,$$

E étant l'équivalent mécanique de la chaleur (E = 423,5 kilogrammètres), P étant exprimé en kilogrammes par mètre carré et V, V′ en mètres cubes. D'après le second principe de thermodynamique (42), cette chaleur transformée en travail est égale à la quantité de chaleur — L absorbée pendant la vaporisation par 1 kg. du liquide (c'est-à-dire à la chaleur latente de vaporisation), multipliée par le quotient de la différence des températures suivant AB et CD (soit dT) divisée par la température suivant AB (soit T) ; on aura donc l'égalité :

$$\frac{1}{E}(V' - V)dP = -L\frac{dT}{T}$$

d'où

$$-L = \frac{T}{E}(V' - V)\frac{dP}{dT}$$

qui est l'équation de Clapeyron. On peut, au lieu d'opérer sur un kilogramme de liquide, partir du poids moléculaire de celui-ci : V et V′ représentent alors les volumes d'une molécule du corps à l'état liquide et à l'état gazeux sous la pression P et la température T, et L la chaleur latente de vaporisation d'une molécule du liquide à cette température.

70. Application à la dissociation du carbonate de chaux. — L'équation précédente est directement applicable au cas de la décomposition du carbonate de chaux en vase clos ; il suffit de donner à L la signification de *chaleur latente de dissociation* d'une molécule du carbonate de chaux ; V représente alors le volume de celui-ci, et V′ le volume total de la chaux et de l'acide carbonique à l'état de gaz résultant de sa décomposition. V′— V est donc très sensiblement égal au volume v à l'état gazeux de la molécule d'acide carbonique contenue dans la molécule de carbonate de chaux, à la pression P et à la température T ; il vient donc :

$$-L = \frac{T}{E} \times v \cdot \frac{dP}{dT}$$

La loi de Mariotte va nous permettre d'éliminer v. En effet, v volume d'une molécule d'acide carbonique, est connu quand on se donne sa pression et sa température, car l'on a d'près la loi de Mariotte-Gay-Lussac :

$$v.P = RT$$

d'où

$$-E = \frac{T}{E} \cdot \frac{RT}{P} \cdot \frac{dP}{dT}$$

et

$$\frac{dP}{dT} = -\frac{E}{R} \cdot \frac{LP}{T^2}$$

ou :

$$\frac{dP}{P} = -AL\frac{dT}{T^2}$$

d'où il vient en intégrant :

$$\text{Log.}_{\text{nép}} P + A \int \frac{LdT}{T^2} = \text{constante}$$

A étant une constante égale à 500, si l'on convient que v est le volume moléculaire exprimé en mètres cubes et que la pression est évaluée en kilogrammes par mètre carré [1].

1. On peut établir de même une équation semblable pour toute transformation d'un état à un autre donnant lieu à un système hétérogène en équilibre, telle que la transformation de la glace en eau, les transformations dimorphiques, etc., dans les cas où, comme pour la vaporisation des liquides en vase clos, la transformation s'accomplit à température variable, sous pression constante.

71. Discussion de la formule de dissociation. — Pour pouvoir intégrer $\frac{LdT}{T^2}$, il faudrait connaître L en fonction de T, ce qui n'est généralement pas le cas ; on ne peut donc pas (à moins de faire des hypothèses sur la fonction de T représentant L) établir analytiquement la fonction de T qui représente P. En revanche, lorsqu'on a mesuré directement par l'expérience les tensions de dissociation P correspondant à des températures fixes T convenablement espacées, on peut construire graphiquement la courbe représentant $P = f(T)$ en portant les pressions en ordonnées et les températures en abscisses ainsi que nous l'avons fait précédemment (49). Comme $\frac{dP}{dT}$ n'est autre chose que le coefficient angulaire de la tangente en un point de cette courbe, on voit que l'on peut, en traçant cette tangente, obtenir la valeur de L en chaque point de la courbe, avec d'autant plus d'exactitude que l'on a déterminé expérimentalement un plus grand nombre de points de celle-ci. C'est ainsi que les déterminations de M. H. Le Châtelier sur les tensions fixes de dissociation du carbonate de chaux permettent de conclure que, pour ce corps, $L = 30$ calories à 800°, alors que les expériences calorimétriques donnent $L = 43,3$ à la température ordinaire.

On peut d'ailleurs, sans connaître exactement L en fonction de la température, se rendre compte de l'allure de la courbe des tensions de dissociation. Nous avons vu (40) que la quantité de chaleur Q dégagée par une réaction varie en général avec la température et peut être approximativement représentée par une droite, en portant les quantités de chaleur en ordonnées et les températures en abscisses : il en sera donc de même de L qui est égal à Q changé de signe. La valeur de L sera donc, par exemple, négative (ce qui est le cas habituel) au-dessous de la température d'inversion θ, nulle à cette température θ, et positive au-dessus. Il en résulte, d'après l'équation $\frac{dP}{dT} = -\frac{E}{R} \cdot \frac{LP}{T^2}$, que la tangente à la courbe $P = f(T)$, qui est toujours de signe contraire à L, sera positive pour $T < \theta$ (courbe montante vers les températures croissantes), nulle pour $T = \theta$ (tangente horizontale correspondant à un maximum de P), et enfin négative pour $T > \theta$ (courbe descendante vers les températures croissantes).

En général, on ne peut observer les tensions fixes de dissociation P que dans un intervalle de température assez restreint ne comprenant pas la température d'inversion ; on n'obtient alors qu'une partie de la courbe, en général la partie montante vers les températures croissantes pour laquelle L est négatif ; c'est ce que l'on constate dans la dissociation du carbonate de chaux, des chlorures ammoniacaux, des hydrures métalliques, etc. Mais si la température d'inversion est comprise dans l'intervalle accessible à nos observations, on peut constater un maximum de dissociation et même une dissociation décroissante avec la température ; c'est ce qui se produit pour le sesquichlorure de silicium, l'ozone, les acides sélénhydrique et tellurhydrique, etc. L'anomalie que semblaient présenter ces corps (53) ne fait donc, au contraire, que rentrer dans la loi générale des dissociations simples.

Il y a lieu en outre de remarquer que les relations numériques existant entre la pression et la température ont la même forme pour tous les corps, et ne diffèrent que par la valeur des constantes (tout au moins dans un intervalle de température assez resserré pour que L puisse être considéré comme constant ou envisagé comme une fonction linéaire de la température) : c'est ce qui explique pourquoi les courbes des tensions de dissociation des corps les plus variés comme ceux étudiés par MM. Debray, Isambert, etc., ont toutes la même allure, identique à celle de la courbe des tensions de vapeur.

On peut enfin vérifier la loi de l'opposition de la réaction à l'action sur l'équation précédente : une *augmentation* de température (dT positif) doit en effet entraîner un accroissement de la pression si L est négatif (ce qui correspond à une augmentation de la décomposition, c'est-à-dire à une *absorption* de chaleur), et inversement ; de même un accroissement de la température entraîne une diminution de pression si L est positif (ce qui correspond à une diminution de la décomposition, c'est-à-dire à une *absorption* de chaleur), et inversement.

72. Loi de l'équilibre dans les systèmes homogènes. — Soit une dissociation d'un système homogène, telle que :

$$2CO + O^2 \rightleftarrows 2CO^2$$

Appelons n, n', n'', etc., le nombre de molécules de chaque corps entrant en jeu dans la réaction ; dans l'exemple qui précède, on aura :

$$n_{CO} = 2, \quad n'_{O} = 1, \quad \text{et } n''_{CO^2} = 2$$

Soit p, p', p'' les pressions de chaque corps correspondant à l'équilibre, L la chaleur latente, à pression et température constantes, dégagée par la transformation de n, n', etc., molécules du premier système, dans les n'', n''', etc., molécules du système opposé.

L'application des principes de la thermodynamique conduit dans ce cas à la relation approchée [1] suivante, établie pour la première fois par Van t'Hoff :

$$\text{Log}_{\text{nép.}} \frac{p^n \, p'^{n'}}{p''^{n''} \, p'''^{n'''}} + 500 \int \frac{\text{L}d\text{T}}{\text{T}^2} = \text{constante}.$$

Comme dans le cas précédent, on ne peut pas en général intégrer l'expression $\frac{\text{L}d\text{T}}{\text{T}^2}$, et c'est au contraire L que l'on peut déduire au moyen de cette formule d'expériences où l'on aura mesuré directement les pressions p, p', p'', etc., correspondantes. La formule est cependant susceptible

1. Voir pour la démonstration, *Recherches expérimentales et théoriques sur les équilibres chimiques*, par M. H. Le Châtelier, p. 110.

de vérifications expérimentales ; si l'on considère en effet un équilibre *isothermique* dans un système homogène où l'on fait varier seulement la condensation des corps en présence, l'équation précédente se réduit à :

$$\text{Log}_{\text{nép.}} \frac{p^n \, p'^{n'}}{p''^{n''} \, p'''^{n'''}} = \text{constante.}$$

ou

$$\frac{p^n \, p'^{n'}}{p''^{n''} \, p'''^{n'''}} = k$$

k étant une constante. Il résulte de cette équation que si l'on fait varier la condensation de l'un des corps, celles des autres corps du système varient également, en étant seulement assujetties à la condition exprimée par l'équation précédente, et l'on peut vérifier, lorsque l'analyse du mélange des corps en présence est possible, qu'en fait il en est bien ainsi. Dans la dissociation de l'acide iodhydrique étudiée par M. Lemoine,

$$2HI = H^2 + I^2$$

la formule précédente devient :

$$\frac{p_{HI}^2}{p_H \, p_I} = \text{constante.}$$

Comme la pression de l'hydrogène libre est nécessairement égale à celle de l'iode libre, l'équation se réduit à :

$$\frac{p_{HI}^2}{p_H^2} = \text{constante.}$$

ou

$$\frac{p_{HI}}{p_H} = \text{constante.}$$

C'est-à-dire que si l'on chauffe de l'acide iodhydrique à une température T, quelle que soit la pression finale des gaz, la fraction dissociée d'acide iodhydrique quand l'état d'équilibre est atteint, doit être toujours la même ; et réciproquement si l'on chauffe des volumes égaux d'hydrogène et de vapeur d'iode, la fraction de la masse totale qui reste non combinée est la même, quelle que soit la pression finale du mélange dans l'appareil; c'est bien ce qu'ont vérifié les expériences de M. Lemoine sur le mélange d'hydrogène et de vapeur d'iode chauffés à 440 degrés, sous des pressions variées, ainsi que le montre le table suivant [1] :

Pression	Durée de chaque expérience en heures	Rapport de l'hydrogène libre à l'hydrogène total
4 atmosph. 5	1 h. 85	0.24
	22 h.	0.24
	22 h.	0.24
2 atmosph. 3	0 h. 33	0.31
	9 h. 5	0.25
	18 h.	0.26
0 atmosph. 9	24 h. 5	0.27
	25 h.	0.25
0 atmosph. 2	119 h.	0.297
	119 h.	0.292

La limite qui devrait être la même d'après l'équation précédente varie en réalité de 0,24 à 0,29 ; mais cet écart, assez faible d'ailleurs, peut tenir à ce que nous avons supposé que les pressions de l'hydrogène et de la vapeur d'iode provenant de la décomposition de l'acide iodhydrique étaient les mêmes ; or, la vapeur d'iode ne suivant pas rigoureusement la loi de Mariotte, ces pressions qui sont sensiblement égales lorsqu'elles sont très faibles, doivent différer un peu l'une de l'autre lorsqu'elles sont élevées.

1. *Etudes sur les équilibres chimiques*, par G. Lemoine, Dunod, éditeur. Paris, 1881, page 77.

73. Lois de l'équilibre dans lès systèmes partiellement hétérogènes. — Le cas des systèmes dans lesquels l'action mutuelle de plusieurs gaz sur des corps solides donne lieu à un équilibre chimique (par exemple : action de la vapeur d'eau sur le fer au rouge) est régi par la même loi que les systèmes homogènes, la concentration des corps solides étant une constante.

Voyons maintenant les lois approchées, tirées des principes de la thermodynamique, applicables aux solutions, puis celles qui régissent les doubles décompositions salines.

74. Dissolution des gaz dans les liquides : loi de Henry. — Tous les gaz se dissolvent plus ou moins dans les liquides, et notamment dans l'eau, et nous avons vu (63) que de l'eau saturée de gaz au contact de la vapeur d'eau et de ce gaz, constitue un système partiellement hétérogène en équilibre, dont l'état dépend de la température et de la condensation (ou pression) relative des deux corps, d'une part dans le système liquide (eau et gaz dissous), d'autre part dans le système gazeux (vapeur d'eau et gaz).

On emploie généralement l'expression de *coefficient de solubilité* à une température T pour désigner la concentration du gaz dissous, c'est-à-dire le volume du gaz dissous jusqu'à saturation dans l'unité de volume du liquide, le volume du gaz étant mesuré à la température T et à la pression P du gaz en contact avec la dissolution saturée.

Pour mesurer ce coefficient de solubilité, on introduit un certain volume du gaz sous une éprouvette renversée sur la cuve à mercure ; on mesure son volume V et sa pression H. On introduit alors un volume v du liquide sous l'éprouvette, puis quand l'absorption est terminée, on mesure le volume V′ de gaz restant et sa pression H′ (égale à la pression finale moins la tension de vapeur du liquide). La température ayant été maintenue constante pendant toute la durée de l'expérience, le coefficient de solubilité C est donné par l'équation, facile à déduire de la loi de Mariotte :

$$C = \frac{VH - V'H'}{vH'}$$

Si l'on fait varier la pression H' sous laquelle l'état d'équilibre final est atteint, on trouve des valeurs différentes pour C correspondantes à chaque pression ; si le gaz est peu soluble dans le liquide, on trouve que la pression P du gaz sous laquelle s'effectue la dissolution à saturation est liée au coefficient de solubilité C par la relation suivante très simple, connue sous le nom de *loi de Henry* :

$$P = kC$$

k variant avec la température, c'est-à-dire que, à température constante, la concentration du gaz dissous est proportionnelle à la pression que ce gaz exerce sur la dissolution.

Si le gaz est très soluble, la relation entre la pression et la concentration est moins simple ; elle peut être représentée d'une façon approchée par une équation de la forme :

(1) $$P = KC^i$$

dans laquelle i est une constante spéciale à chaque gaz, peu différente de l'unité, pour le liquide considéré.

Quand plusieurs gaz sont mis en présence d'un liquide, chacun d'eux s'y dissout comme s'il était seul en occupant tout le volume du mélange gazeux en contact avec le liquide.

M. H. Le Châtelier a montré que, en partant des principes de la thermodynamique, on peut établir entre la pression du gaz, sa concentration C et sa chaleur de dissolution L (pour une molécule de gaz dissoute) la relation suivante approchée, dans le cas de gaz très peu solubles [1] :

$$\frac{dP}{P} - i\frac{dC}{C} - 500\frac{LdT}{T^2} = 0$$

ou

$$d\left(\text{Log}_{\text{nép}} \frac{P}{C^i}\right) - 500\frac{LdT}{T^2} = 0$$

1. H. Le Châtelier, *Recherches expérimentales et théoriques sur les équilibres chimiques*, p. 104.

dans laquelle $i = 1$ pour les gaz suivant la loi de Henry.

Cette équation se vérifie d'une façon très satisfaisante pour les dissolutions de l'acide carbonique dans l'eau pour lequel :

$$i = 1 \quad \text{et} \quad L = 5 \text{ cal. } 6,$$

ce qui donne après intégration de l'équation différentielle précédente (en supposant L constant) :

$$\text{Log}_{\text{nép}} \frac{P}{C} + 500 \times \frac{5,6}{T} = \text{const.}$$

Voici les résultats observés entre 0 et 50° sous la pression constante de 760 millimètres, et en regard les volumes calculés d'après la formule précédente en se servant de l'une des observations pour obtenir la valeur de la constante.

Température	Volume de CO^2 mesuré à 0° et 760$^{m}/_{m}$ dissous dans 1 litre d'eau		
	Observé		Calculé
	Bunsen	Joulin	
0°	1,800^{cc}	1,750	1,830
5	1,450	»	1,545
10	1,185	»	1,260
15	1,002	»	1,080
20	901	900	(900)
50	»	335	370

L'accord entre les volumes observés et les volumes calculés avec la formule approchée est très satisfaisant.

75. Dissolution des solides dans les liquides, courbes de solubilité. — Nous avons vu précédemment qu'une solution saturée d'un solide dans un liquide au contact d'un excès du solide, constitue un système en équilibre dont l'état ne dépend que de la condensation du liquide et du solide dans l'état dissous, de la température (et aussi de la pression, qui est généralement constante et égale à la pression atmosphérique et dont nous ne nous occuperons pas dans ce qui suivra).

On peut obtenir empiriquement une relation entre les concentrations à saturation, ou coefficients de solubilité du corps solide, et la température, en portant en abscisses les températures et en ordonnées les concentrations du corps solide correspondant à chaque température ; on obtient ainsi ce que l'on appelle des *courbes de solubilité* qui permettent de retrouver immédiatement la quantité du corps solide que peut dissoudre un poids donné du liquide considéré à une température déterminée.

Ces courbes de solubilité peuvent être construites de différentes manières suivant la définition que l'on adopte pour le *coefficient de solubilité* ; il n'en existe pas moins de quatre en usage, dont voici la définition.

1° Autrefois, on définissait toujours le *coefficient de solubilité* : le poids du corps solide dissous à saturation dans 100 gr. du liquide. Le coefficient C_1 ainsi défini s'obtient facilement en prenant un poids P de la solution saturée à une température t, l'évaporant à siccité, de façon à avoir le poids p du solide dissous ; d'où l'on tire (p et P étant exprimés en grammes) :

$$C_1 = \frac{p}{P - p} \times 100$$

Ce sont ces coefficients de solubilité que l'on trouve généralement dans les aide-mémoire de chimie.

2° On a aussi adopté la définition suivante : le coefficient de solubilité est le poids du corps solide contenu dans 100 gr. de la solution ; le coefficient C_2 ainsi défini est égal avec les données précédentes de l'expérience à :

$$C_2 = \frac{p}{P} \times 100 = \frac{100\ C_1}{100 + C_1}$$

3° On peut encore définir la solubilité de la façon suivante : la *concentration moléculaire* d'un corps dissous à saturation est égale au nombre de molécules du corps solide que peuvent dissoudre 100 molécules du dissolvant. Si m est le poids moléculaire du corps dissous, M le poids moléculaire du dissolvant, le coefficient C_3 ainsi défini sera représenté par l'équation :

$$C_3 = \frac{\frac{p}{m}}{\frac{P-p}{M}} \times 100 = \frac{p}{P-p} \times 100 \frac{M}{m} = C_1 \cdot \frac{M}{m}$$

4° Enfin, on peut également définir la concentration moléculaire de la façon suivante : c'est le nombre de molécules du corps dissous contenues dans 100 molécules de la solution. Le coefficient C_4 ainsi défini s'obtient aisément en partant du précédent : C_3 étant le nombre de molécules du corps dissous dans 100 molécules du dissolvant est aussi le nombre de molécules du corps dissous dans $100 + C_3$ molécules de la solution ; par suite, le nombre de molécules dissoutes dans 100 molécules de la solution est donné par l'équation :

$$C_4 = 100 \cdot \frac{C_3}{100 + C_3} = 100 \cdot \frac{C_1 \frac{M}{m}}{100 + C_1 \frac{M}{m}}$$

ou

$$C_4 = 100 \cdot \frac{C_1}{C_1 + 100 \cdot \frac{m}{M}}$$

La figure 23 (p. 162), donne pour un même sel, l'azotate de potasse par exemple, les courbes de solubilité que l'on obtient avec ces quatre définitions distinctes.

L'avantage des courbes construites avec le coefficient C_2, c'est qu'elles sont très voisines de droites passant par le point de fusion du sel, tandis que les courbes en C_1 et C_3 donnent des branches infinies ; les courbes en C_4 que l'on construit habituellement en portant les températures en ordonnées et le nombre de molécules contenues dans 100 molécules de la solution en abscisses, ont également l'avantage de ne pas donner de branches infinies.

En traçant les courbes de solubilité des corps les plus variés, on constate qu'en général leur solubilité augmente avec la température ; elle diminue pour quelques-uns (sulfate de soude anhydre), reste à peu près constante pour un très petit nombre (chlorure de sodium) et présente un maximum pour quelques corps (sulfate de chaux). Pour certains sels, comme le sulfate de soude cristallisé avec 10 mol. d'eau, la courbe tracée avec la définition ancienne du coefficient de solubilité présente un point anguleux à la température de 35°.

On se sert de la constance de la concentration à saturation

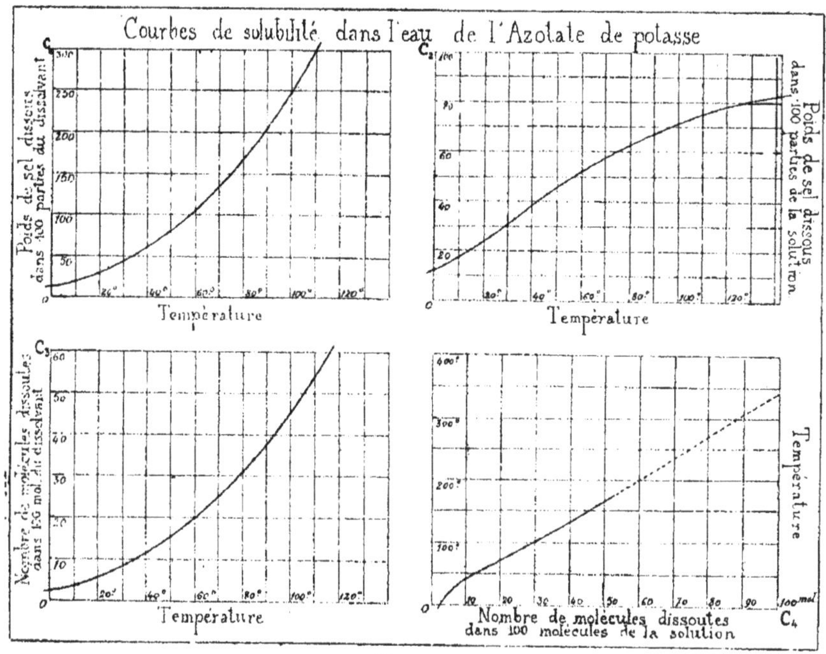

Fig. 23.

pour chaque corps à une température donnée, pour obtenir des corps bien cristallisés soit par différence de température, soit par évaporation. Si la solubilité est notablement plus forte à chaud qu'à froid, il suffit de saturer le liquide du corps soluble à chaud, et par refroidissement on obtient des cristaux d'autant plus nets que le refroidissement est plus lent.

Si la solubilité n'est pas très différente à chaud et à froid, ou que l'on veuille obtenir des cristaux volumineux, on laisse évaporer à l'air libre ou dans le vide une solution saturée à froid. On peut même en plaçant dans une solution saturée un petit cristal du solide, obtenir un dépôt régulier du corps dissous sur ce cristal que l'on *nourrit* ainsi jusqu'à lui faire acquérir parfois un volume considérable.

76. Sursaturation. — Lorsqu'on laisse refroidir une solution saturée à chaud au contact du corps solide en excès, la dissolution abandonne au fur et à mesure l'excès du corps dissous qu'elle contient, dépassant pour chaque température décroissante le coefficient de solubilité.

Lorsque le liquide saturé à chaud n'est pas en contact avec un excès du corps solide, il arrive parfois que le refroidissement n'entraine pas la cristallisation de celui-ci : on dit alors que la liqueur est *sursaturée*. C'est un phénomène que présente un grand nombre de sels métalliques, tels que le sulfate de soude, l'hyposulfite de soude, etc.

On provoque alors la cristallisation en jetant dans la liqueur sursaturée un cristal de la nature de ceux qui ont été dissous, ou un cristal isomorphe. Ces phénomènes sont particulièrement nets avec le sulfate de soude cristallisé $SO^4Na^2,10H^2O$. Une dissolution saturée à 33° est placée dans des tubes que l'on scelle à la lampe, ou dans des flacons bouchés, et on les porte à une température voisine de l'ébullition. Ces solutions restent liquides à la température ordinaire, mais dès qu'on introduit un cristal de $SO^4Na^2 + 10H^2O$ (ou un cristal isomorphe de chromate de soude par exemple), il se produit une abondante cristallisation de sulfate de soude décahydraté et le liquide se prend même en masse, avec dégagement de chaleur.

Il peut se produire dans les tubes un dépôt de poudre cristalline blanche constituée par du sulfate de soude anhydre ou des cristaux de sel à 7 molécules d'eau sans que le liquide cesse de pouvoir précipiter par un cristal de $SO^4Na^2 + 10H^2O$. Ces liquides sursaturés, abandonnés à l'air libre, finissent toujours par cristalliser spontanément; mais, ainsi que l'a établi M. Gernez, cette cristallisation est due à la présence dans l'air de cristaux microscopiques de sulfate de soude décahydraté, et si l'on a soin d'enlever toutes les poussières de l'air par filtrage sur du coton ou de le faire passer au préalable dans l'eau pour qu'il y abandonne les cristaux de sulfate de soude, on peut faire barboter l'air indéfiniment dans une solution sursaturée de sulfate de soude sans qu'elle précipite.

Nous allons voir que toutes ces particularités des solutions salines s'expliquent aisément au moyen de la loi numérique de solubilité.

77. Loi numérique de la solubilité des solides dans les liquides. — M. H. Le Châtelier a déduit des principes de la thermodynamique une relation approchée entre la concentration d'un corps dissous à saturation et la température [1], relation qui est de la forme :

$$(1) \qquad i\frac{dC}{C} + 500\,L\frac{dT}{T^2} = 0$$

ou

$$i\frac{dC}{dT} = -500\,L\frac{C}{T^2}$$

C étant le poids du corps dissous par unité de volume (proportionnel au coefficient de solubilité si le corps est peu soluble), i un coefficient spécial à chaque genre de dissolution dépendant du corps dissous et du dissolvant, qui varie avec la concentration, mais que l'on peut considérer comme constant pour des solutions suffisamment diluées ; enfin L la cha-

1. *Recherches exp. et théor. sur les équilibres chimiques*, p. 138.

leur de dissolution d'une molécule du corps dans le dissolvant, mesuré en dissolvant le corps solide dans une solution déjà extrêmement voisine de la saturation.

En partant des principes de l'énergétique, M. H. Le Châtelier a établi récemment[1] une relation théorique de même forme que la précédente :

$$\delta . \frac{ds}{s} + 500 \, \mathrm{L} \frac{dt}{t^2} = 0 \qquad (2)$$

où s est la concentration moléculaire (nombre de molécules du corps à saturation renfermées dans une molécule du mélange, c'est-à-dire la définition du coefficient de solubilité C_4 rapportée à 1 mol.), δ le coefficient i de la précédente formule, et L la chaleur de dissolution moléculaire définie comme ci-dessus.

Le coefficient i est égal à l'unité pour les corps et liquides *normaux* (ne présentant pas de phénomène de polymérisation) ; pour les corps et liquides anormaux, on le déduit d'expériences sur l'abaissement des points de congélation ou des tensions de vapeur des solutions, comme nous le verrons plus loin (**82** et **83**).

On peut vérifier l'exactitude des formules précédentes en rapprochant les deux valeurs de L, l'une obtenue par l'expérience, l'autre déduite de ces formules en y portant les valeurs observées pour δ, s et t ; voici la comparaison pour quelques corps où L a été mesurée dans les conditions voulues (ce qui n'a été fait que pour un petit nombre de corps, les chaleurs de dissolution étant en général mesurées en liqueurs très étendues) :

	L	
	calculé	observé
Bichromate de potasse.	— 17c3	— 17c
Baryte	— 16c3	— 15c2
Chaux	+ 2c8	+ 2c8
Clorate de potasse . .	— 11c	— 10c
Acide borique	— 5c	— 5c6

1. *Recherches sur la dissolution* (*Ann. des mines*, 1897).

L'accord est excellent, même pour des dissolutions assez concentrées, bien que les équations précédentes aient été établies en supposant les dissolutions très diluées.

78. Forme théorique des courbes de solubilité. — Si δ et L ont des valeurs indépendantes de la température et de la concentration (ce qui est sensiblement le cas des corps normaux), l'intégration de l'équation (2) donne alors la relation.

$$\delta \text{ Log. } s - 500 \frac{L}{t} = \text{const.}$$

qui, traduite graphiquement, donne une courbe de la forme ci-contre (fig. 24) représentant à peu près la courbe relative au sulfate de lithium fondu, dont une grande partie se confond presque avec une droite.

Mais dans les solutions aqueuses ou alcooliques dont nous nous servons le plus souvent, si δ varie peu, L varie au contraire considérablement, même dans une étendue de température assez faible. Pour la plupart des corps, L est négatif aux basses températures, diminue en valeur absolue quand la température s'élève, s'annule pour la température d'inversion, puis devient positif et croissant avec la température ; comme d'autre part toutes les chaleurs latentes de fusion sont négatives, L doit s'annuler encore et changer de signe entre la température d'inversion θ et le point de fusion T du corps solide seul.

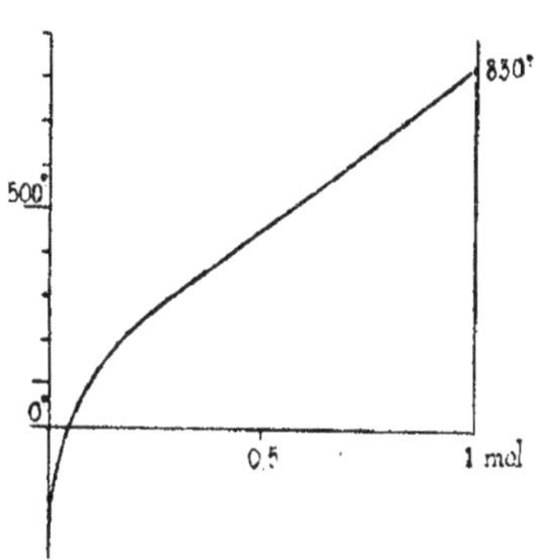

Fig. 24.

L'allure de la courbe, dont il est facile de se rendre compte au moyen du signe de la tangente donné par les équations différentielles ci-dessus, sera donc celle que présente la fig. 25 avec la définition C_1 de la concentration, et la fig. 25 *bis* avec la définition s ou C_4, les points correspondants des deux courbes étant notés par les mêmes lettres).

En général on ne peut observer qu'une portion de ces courbes pour une même solution ; notamment pour les dissolutions salines dans l'eau, on ne peut guère les étudier au-dessus du point d'ébullition sous la pression atmosphérique de la dissolution saturée, point en général très inférieur au point de fusion du sel anhydre. Mais comme toutes les courbes de solubilité ont la même forme générale (puisque les équations ne diffèrent d'une solution à l'autre que par la

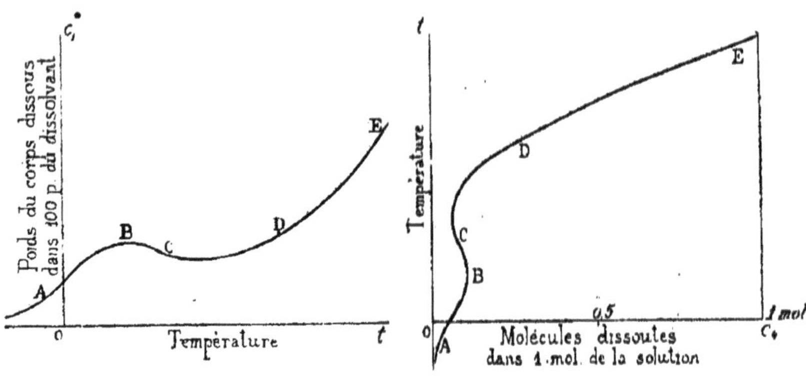

Fig. 25. Fig. 25 *bis*.

valeur spéciale à chaque corps des coefficients δ et L, et de la constante d'intégration) on peut reconstituer la courbe entière par tronçons au moyen de corps différents :

Le début de la courbe A est fourni par un grand nombre de sels à solubilité croissante avec la température, comme le sulfate de soude hydraté.

Le point maximum B est nettement donné par le sulfate de chaux à la température prévue de chaleur de dissolution nulle (37°).

La partie descendante C est fournie par l'hydrate de chaux et par le sulfate de soude anhydre.

La partie D est donnée par le chlorure de sodium, l'azotate de soude.

La partie montante E presque rectiligne est donnée par le chlorate et l'azotate de potasse.

79. Anomalies apparentes des courbes de solubilité. — Chaque corps devant avoir sa courbe de solubilité propre, on conçoit que, si un sel anhydre forme plusieurs hydrates cristallisés différents, il aura autant de courbes distinctes que d'hydrates différents plus une pour le sel anhydre. C'est ainsi que s'explique l'anomalie signalée plus haut (75) dans la courbe de solubilité du sulfate de soude cristallisé avec 10 molécules d'eau, qui présente un point anguleux à 35°. En réalité, il n'y a pas de point anguleux, mais deux courbes distinctes, l'une correspondant au sel à 10 molécules d'eau, l'autre au sel anhydre, mais comme le sel hydraté se transforme de lui-même très rapidement à 35° en sel anhydre, les solubilités que l'on observe au-dessus de cette température ne s'appliquent pas au sel hydraté d'où l'on est parti, mais au sel anhydre qui s'est produit spontanément.

En opérant avec précaution, on peut d'ailleurs, comme l'a fait Löwel, arriver à observer les courbes de solubilité correspondant au sel étudié à quelques degrés au-dessus (ou au-dessous) du point de transformation (fig. 26) pour les différentes variétés de sulfate de soude :

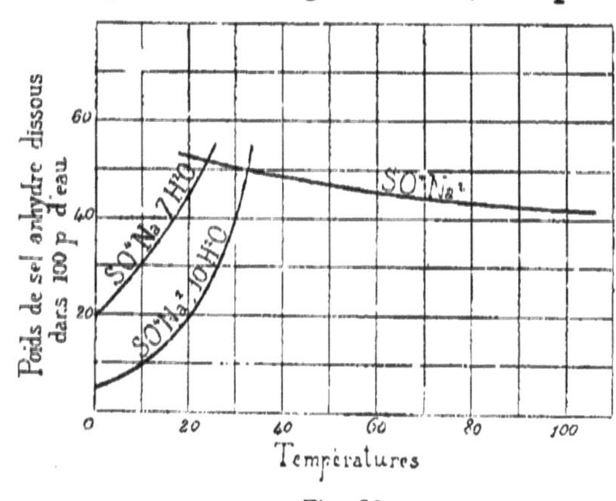

Fig. 26.

$$So^4Na^2,\ So^4Na^2 7H^2O,\ \text{et}\ So^4Na^2\ 10H^2O.$$

Les phénomènes de *sursaturation* s'expliquent également de la même manière. D'une façon générale il n'y a à une température déterminée qu'un seul hydrate stable d'un sel, mais, de même que dans la surfusion, on peut conserver dans certaines conditions une dissolution d'un sel dans un état qui n'est pas le plus stable à la température considérée. Ainsi la modification stable du sulfate de soude en présence de l'eau est le sel anhydre au-dessus de 35° et le sel hydraté au-dessous ; mais si l'on fait refroidir au-dessous de 35° une dissolution de sulfate anhydre, elle peut se conserver dans cet état instable, jusqu'au moment où l'addition d'un cristal de sel hydraté rompt cet équilibre instable, et précipite le sel contenu dans la dissolution en excès par rapport à la solution saturée du sel hydraté à la même température ; il se dégage en même temps une quantité de chaleur égale et de signe contraire à la chaleur latente de dissolution de la quantité de sel précipitée.

Une dissolution dite sursaturée n'est donc en réalité qu'une dissolution saturée du sel pris dans un état qui n'est pas le plus stable dans les conditions considérées (H. Le Châtelier).

80. Courbes de fusibilité des mélanges salins et des alliages. — On est habitué à envisager surtout les solutions des corps solides dans des dissolvants liquides à la température ordinaire, mais tout ce que nous avons dit de ces solutions s'applique également à la solubilité d'un corps solide dans un autre corps habituellement solide, mais pris à une température où il est à l'état fondu. Considérons deux corps solides, deux sels par exemple, le chlorure de sodium et le carbonate de soude anhydre, fusibles tous deux vers 800° ; faisons fondre du carbonate de soude et plaçons y une petite quantité de chlorure de sodium, puis le mélange étant bien fondu et homogène, laissons refroidir ; on constatera que le mélange reste à l'état liquide à une température inférieure à celle de la fusion du carbonate de soude, puis qu'à une certaine température t, il commence à se déposer du carbonate de soude solide : le mélange homogène liquide représente à ce moment une solution saturée de carbonate de soude dans le chlorure de sodium, et la température t est celle à laquelle entrerait en fusion un mélange homogène solide des deux corps, présentant la même composition que ce bain liquide. En faisant varier les quantités relatives des corps, on aura des points de fusibilité différents correspondant à des compositions variées du mélange considéré : si l'on porte en abscisses les compositions (nombre de molécules de chaque corps pour 100 molécules du mélange), et en ordonnées les températures, on aura une courbe de fusibilité absolument semblable aux courbes de solubilité précédentes et régies par les mêmes lois numériques.

Si l'on part du chlorure de sodium fondu auquel on ajoute du carbonate de soude en quantité croissante, on aura une autre courbe représentant des solutions saturées de chlorure de sodium dans le carbonate de soude.

On obtiendra ainsi deux courbes (fig. 27) se coupant à angle

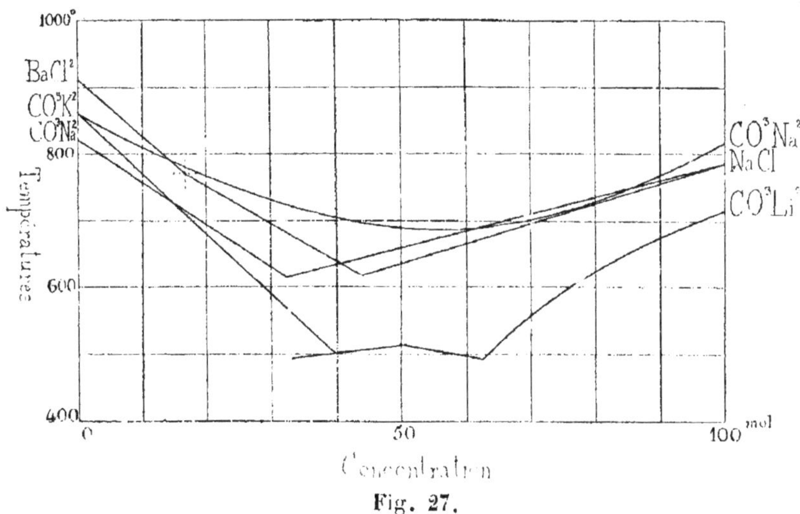

Fig. 27.

vif : à leur point de rencontre on aura des mélanges laissant déposer par refroidissement à l'état solide chacun des deux sels, dans les proportions mêmes où ils se trouvent dans le mélange fondu, et par suite la composition du mélange à l'état liquide n'est pas modifiée pendant toute la période de la solidification : le mélange correspondant à ces proportions est dit *eutectique*.

Les mélanges correspondant au prolongement des courbes au-delà de leur point d'intersection ne peuvent exister liquides qu'à l'état instable de surfusion et sont à peu près impossibles à réaliser.

Si l'un des corps peut exister à l'état fondu sous deux états allotropiques différents on aura autant de courbes distinctes que d'états distincts, ces courbes se raccordant sous un certain angle au point de transformation : c'est le cas qui se présente dans les mélanges contenant du chlorure de baryum qui subit une modification allotropique vers 760° (fig. 27).

Lorsque les deux corps A et B forment une combinaison définie C, on a alors deux autres courbes distinctes pour les systèmes AC et CB venant se superposer aux deux courbes du système AB : c'est ce que montre nettement le mélange des carbonates de potasse et de lithine (fig. 27).

Enfin lorsqu'on a affaire à deux corps isomorphes, les cristaux qui se déposent par refroidissement contiennent toujours des deux corps dans des proportions variant d'une façon continue, et l'on n'a plus à proprement parler de solutions saturées ; les lois de la solubilité ne s'appliquent plus. Les courbes de fusibilité obtenues sont formées dans ce cas d'une courbe continue allant du point de fusibilité de l'un des corps au point de fusibilité de l'autre : tel est le cas du mélange des carbonates de potasse et de soude (fig. 27).

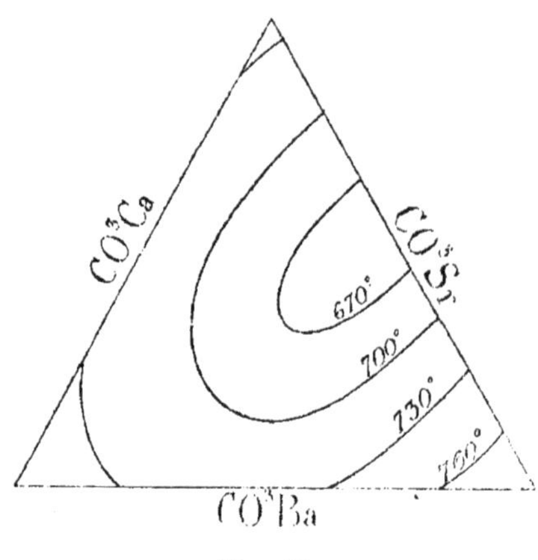

Fig. 28.

Les mélanges ternaires peuvent être étudiés de même. On peut représenter, comme l'a montré Gibbs, la composition de semblables mélanges par un point pris dans l'intérieur d'un triangle équilatéral (fig. 28). La somme des perpendiculaires abaissées d'un point quelconque sur chacun des côtés étant constante, si l'on fait cette somme égale à 100, la longueur de chaque perpendiculaire peut en effet représenter le nombre de molécules de chacun des trois corps dans 100 molécules du mélange ; et si l'on élève par ce point une perpendiculaire au plan du triangle, dont la longueur soit proportionnelle à la température du point de solidification du même mélange, on obtiendra une surface représentant l'ensemble du phénomène. En coupant cette surface par des plans parallèles à celui du triangle, on obtient des courbes isothermiques représentant les compositions du mélange ternaire qui ont le même point de solidification : c'est ainsi qu'est obtenue la figure 28 concernant le mélange ternaire Co^3Ca, Co^3Sr, Co^3Ba, étudié par M. H. Le Châtelier.

Il résulte de ce que nous venons de dire que lorsqu'on laisse refroidir un mélange fondu de deux corps quelconques, il n'y a pas de température fixe de solidification : la solidification de l'un des corps commence à la température de la courbe de fusibilité correspondant aux proportions du mélange, mais la composition de la partie restant liquide variant sans cesse par suite de la solidification de l'un des corps, la température s'abaisse graduellement jusqu'à ce que le liquide ait la composition du mélange eutectique, et ce n'est qu'à partir de ce moment que la température reste fixe jusqu'à la fin de la solidification.

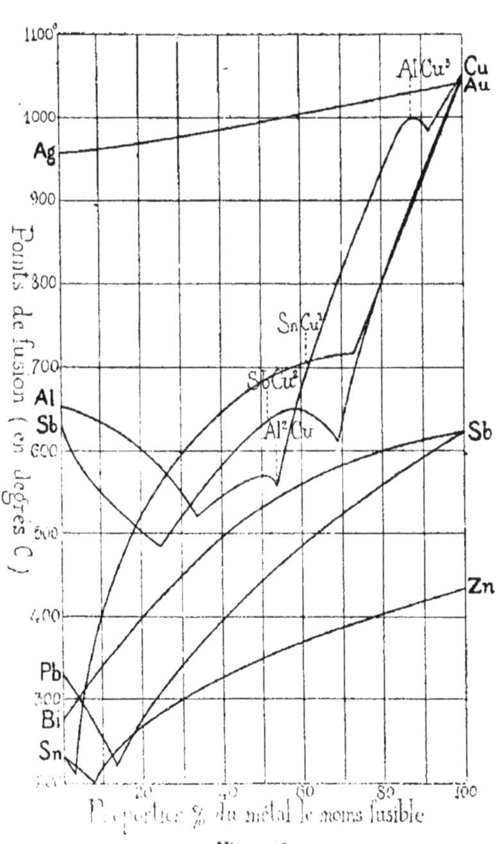

Fig. 29.

Les alliages métalliques présentent les mêmes particularités et l'étude de leurs courbes de fusibilité, lorsqu'on fait varier les proportions de leurs constituants, permet, par analogie avec les mélanges salins, de déterminer s'ils sont constitués par des mélanges physiques, des combinaisons définies ou des mélanges isomorphes : ce procédé d'étude de la constitution chimique des alliages, constitution qui joue un rôle très important dans leurs propriétés physiques, est d'autant plus précieux que l'opacité des métaux ne permet pas de déterminer cette constitution par les méthodes optiques de la pétrographie. Ce n'est donc que par voie indirecte, en comparant les variations que présentent suivant les proportions des métaux alliés, des propriétés telles que : la conductibilité électrique, la force électromotrice de l'alliage dissous dans les acides, etc., que l'on peut établir la constitution chimique des alliages ; mais aucune propriété ne donne à cet égard de renseignements plus précis que les courbes de fusibilité.

Si l'on détermine, en effet, les courbes de fusibilité des alliages d'après les principes que nous venons d'exposer pour les mélanges salins, on retrouve toutes les particularités que révèlent ceux-ci. Suivant les alliages de deux métaux étudiés, on obtient, comme pour les mélanges salins, les variétés suivantes de courbes de fusibilité (fig. 29) :

a) Tantôt deux branches se coupant sous un angle vif en un point qui correspond au mélange eutectique ; ce cas, qui se présente pour les alliages étain-zinc, plomb-antimoine, par exemple, correspond à l'absence de toutes combinaisons chimiques qui n'ont pas été davantage révélées par l'étude des autres propriétés de ces alliages.

b) Tantôt la courbe est continue et caractérise un mélange isomorphe : c'est le cas des alliages argent-or, bismuth-antimoine.

c) Tantôt enfin la courbe a la forme d'un W, ce qui est l'indice d'une combinaison définie correspondant au point le plus haut de la partie centrale du W : les alliages du cuivre avec l'aluminium, l'étain ou l'antimoine donnent nettement cette forme.

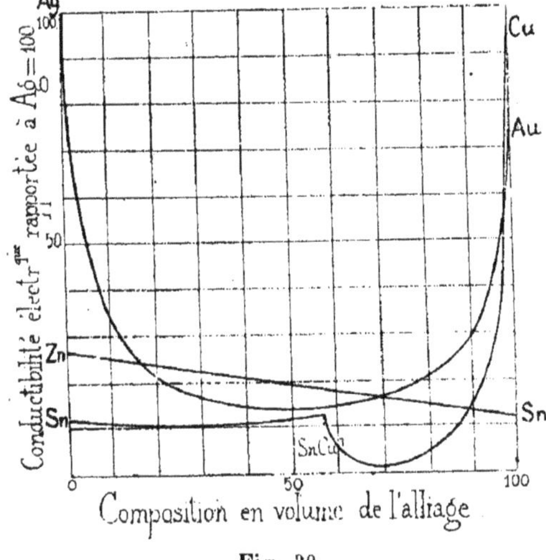

Fig. 30.

Les indications fournies par ces courbes correspondent d'ailleurs exactement aux déductions que l'on peut tirer de l'étude des conductibilités électriques par exemple : c'est ce que montrent nettement les courbes ci-contre (fig. 30) donnant les variations de conductibilité électrique d'alliages de ces trois types : zinc-étain, argent-or, étain-cuivre.

81. Liquation. — Le phénomène connu sous le nom de *liquation* est une conséquence du mode de solidification des alliages, entièrement semblable à celui des mélanges salins fondus. Les premières parties qui se solidifient sont un métal pur ou une combinaison (en mettant de côté les mélanges isomorphes) et les dernières, un alliage eutectique de composition tout à fait différente, l'écart de température entre le commencement et la fin de la solidification pouvant être très grand. C'est ce que l'on constate nettement dans la solidification des bronzes, alliages d'étain et de cuivre : les premières parties qui se solidifient à la partie supérieure du bain fondu, sont plus riches en cuivre et la solidification se propage en descendant par tranches à compositions variées jusqu'à ce que la partie liquide corresponde à la composition d'un composé défini qui se prend alors en masse et donne un lingot homogène. Aussi, dans les pièces d'une certaine hauteur doit-on sacrifier la partie supérieure du lingot appelée *masselotte*, qui est hétérogène et manque de cohésion, pour ne conserver que la partie prise en masse à la fin de la solidification. Si pour beaucoup d'alliages les lingots paraissent homogènes, c'est que fréquemment le métal en excès se dépose au début dans toute l'étendue du lingot en longs cristaux enchevêtrés au milieu desquels la solidification totale s'achève.

L'absence totale de liquation n'appartient qu'aux combinaisons définies, aux alliages eutectiques à point de fusion minimum, et aux mélanges isomorphes. Les deux premiers ont seuls un point de solidification à température constante ; pour les alliages isomorphes, ils se solidifient tantôt à température constante, tantôt à température régulièrement décroissante.

On voit de quelle importance pratique est la connaissance exacte des courbes de fusibilité des alliages pour obtenir des lingots parfaitement homogènes. La liquation, qui est une conséquence des propriétés des solutions solides, a, d'autre part, des applications importantes dans les procédés de désargentation du plomb et du cuivre.

Les particularités que présente la solidification des alliages fondus sont en rapport avec leur constitution *physique*. La constitution physique des alliages s'étudie par l'examen au microscope des surfaces métalliques polies, puis attaquées au besoin par un réactif convenable qui, attaquant inégalement les métaux ou les combinaisons de métaux formant l'alliage, font apparaître la structure de celui-ci. Sorby, l'auteur de cette méthode, employait pour les fers et les aciers une attaque à l'acide ; M. Osmond se contente, pour les mêmes métaux, d'un polissage très prolongé qui laisse en relief les parties les plus dures ; M. Charpy, pour les alliages de cuivre, attaque la surface d'une plaque polie du métal à étudier, en la substituant au zinc d'une pile Daniel ; M. H. Le Châtelier attaque par l'action d'un courant électrique très faible le métal placé au milieu d'une solution conductrice sans action sur l'alliage (azotate d'ammoniaque par exemple). Les alliages ainsi préparés sont examinés ensuite avec un microscope muni d'un dispositif spécial permettant d'éclairer les corps opaques, et l'on voit apparaître des cristaux de formes variées, suivant les alliages et suivant le traitement qu'on a fait subir à un même alliage (alliage recuit, brûlé, trempé, etc.).

CHAPITRE X

LOIS NUMÉRIQUES DES ÉQUILIBRES CHIMIQUES

(*suite*)

PROPRIÉTÉS DIVERSES ET CONSTITUTION DES SOLUTIONS

82. Abaissement du point de congélation des liquides contenant un corps en dissolution ; loi de Raoult. — Ce que nous venons de dire des courbes de fusibilité des mélanges salins s'applique également aux solutions aqueuses. Lorsqu'on refroidit progressivement une solution aqueuse étendue, il arrive un moment où une partie du liquide se solidifie à une température inférieure à 0° ; tant que la dissolution n'est pas trop concentrée, les cristaux qui se forment sont de la glace pure et le corps dissous se concentre dans la partie liquide, jusqu'à ce que, à partir d'une concentration suffisante, une partie du corps dissous se solidifie en même temps que l'eau. Les mêmes phénomènes se reproduisent avec des dissolvants tels que la benzine, etc.

Les solutions dans les dissolvants liquides, à la température ordinaire, doivent donc donner deux courbes distinctes, l'une courbe de solubilité ordinaire correspondant à la dissolution saturée par rapport au corps dissous, l'autre courbe de la dissolution saturée par rapport au dissolvant. Au point de rencontre, il se dépose à la fois du dissolvant et du corps dissous : il correspond pour les solutions aqueuses à la température à laquelle la solution se prend en masse.

Dans tout ce qui va suivre, nous supposerons que les dissolutions sont suffisamment étendues pour que leur congélation ne donne que de la glace pure (ou du dissolvant solidifié pur).

Le point de congélation d'un liquide tenant un corps en dissolution est plus bas que celui du liquide pur, et l'abaissement est généralement proportionnel au poids du corps en dissolution. En opérant sur un grand nombre de dissolvants et de corps dissous différents, M. Raoult a constaté que l'abaissement du point de congélation des dissolutions est indépendant de la nature des molécules dissoutes et dissolvantes, et obéit à la loi suivante qu'il appelle *Loi générale de congélation des dissolvants*, que l'on désigne sous le nom de *loi de Raoult*[1] :

« *Si l'on dissout une molécule quelconque dans 100 molécules d'un liquide quelconque de nature différente, on détermine dans le point de congélation de ce liquide un abaissement qui est toujours à peu près le même et voisin de 0°63.*

« *Conséquemment, l'abaissement du point de congélation d'une dissolution étendue, d'un titre quelconque, est sensiblement égal au produit qu'on obtient, en multipliant 63 par le rapport qui existe entre le nombre des molécules dissoutes et celui des molécules dissolvantes.* »

Nous avons vu le parti que l'on peut tirer de cette loi pour la détermination des poids moléculaires. Elle s'applique très exactement aux matières organiques : sucre, acide tartrique, etc., en dissolution dans l'eau. Par contre, pour les solutions aqueuses de sels métalliques, l'abaissement du point de congélation est celui de la loi de Raoult multiplié par un coefficient variant de 1 à 4, suivant la famille des sels, mais sensiblement identique pour une même famille. Ce coefficient n'est autre que le coefficient i qu'il faut introduire dans la loi générale de la dissolution.

1. *Ann. de chimie et de physique*, 6e série, tome II.

Les tables d'abaissement de points de congélation ou *tables cryoscopiques*, dressées par M. Raoult, donnent l'abaissement Δ du point de congélation pour 1 molécule dissoute dans 100 gr. du dissolvant. Le coefficient i s'obtient donc en divisant Δ par l'abaissement moyen correspondant des substances pour lesquelles $i = 1$; cet abaissement étant égal à 18,3 pour les solutions dans l'eau des matières organiques, on aura :

$$i = \frac{\Delta}{18,3}$$

83. Variation du point d'ébullition et de la tension de vapeur des solutions : loi de Wüllner. — Le point d'ébullition des solutions sous la pression atmosphérique est plus élevé que celui du dissolvant pur, et cela d'autant plus que la concentration est plus forte. Voici, à titre d'exemple, quelques points d'ébullition de dissolutions saturées de sels dans l'eau :

Sel	Poids de sel anhydre dans 100 p. d'eau	Point d'ébullition
Chlorure de sodium....	41,2	108° 4
» potassium.	59,4	108° 2
» calcium....	325,0	179° 5
Carbonate de sodium...	48,5	104° 6
» potassium.	205,0	135° 0
Azotate de potassium..	335,0	115° 9
» calcium....	362,0	151° 0

On utilise fréquemment ces points d'ébullition plus élevés que celui de l'eau pure pour obtenir des bains à température constante notablement supérieure à 100°.

En chauffant des dissolutions en vase clos, on constate que la tension maxima de la vapeur émise est plus faible que celle du dissolvant pur à la même température. L'étude de ces tensions a conduit Wüllner à formuler la loi suivante :

Loi de Wüllner. — L'abaissement de tension de vapeur est proportionnel à la quantité du corps dissous dans un même poids du dissolvant.

On peut également constater, comme pour la loi de Raoult, que l'abaissement de tension ne dépend, en général, que du rapport du nombre de molécules dissoutes au nombre de molécules dissolvantes. Pour les dissolutions des sels métalliques dans l'eau, on trouve des abaissements moléculaires Δ' s'écartant de cette loi, comme pour l'abaissement des points de congélation, et l'on constate que :

$$\frac{i}{\Delta'} = 5,6$$

Les coefficients i peuvent donc se déduire, soit des mesures de tension de vapeur, soit des mesures cryoscopiques.

84. Hypothèses sur la constitution des dissolutions salines : loi de Van t'Hoff. — On peut, au moyen d'une hypothèse émise en 1885 par Van t'Hoff et basée sur des expériences faites par le naturaliste allemand Pfeffer en 1877, expliquer les lois de Raoult et de Wüllner d'une façon simple.

Si dans un vase dont les parois sont formées de membranes poreuses telles que le parchemin animal ou végétal, la porcelaine dégourdie, etc., on place une solution aqueuse d'un corps solide et que l'on plonge ce vase dans de l'eau pure, celle-ci entre dans le vase, tandis que la solution se répand à l'extérieur, mais moins vite que l'eau pure n'entre dans le vase, en sorte que l'on constate une surpression dans le vase au bout de quelque temps. Cette expérience ancienne (1827) due au naturaliste français Dubrochet, et qui est l'origine de la dialyse (86), a été reprise par Pfeffer, mais en se servant de vases à parois dites *hémi-perméables*, c'est-à-dire se laissant traverser par l'eau pure, mais non par les corps qu'elle tient en solution. Pfeffer obtient des vases de cette nature en produisant au milieu de l'épaisseur de vases en porcelaine dégourdie (vases poreux de piles) un dépôt de ferrocyanure de cuivre : il suffit pour cela de placer à l'intérieur du vase, soigneusement lavé au préalable, une solution de sulfate de cuivre à 3 0/0 de sel, et de plonger quelques minutes après ce vase dans une dissolution de ferrocyanure de potassium au même titre. Le dépôt gélatineux de ferrocyanure de cuivre possède en effet la propriété d'être hémi-perméable.

Si dans un semblable vase, muni d'un manomètre à mercure on place une solution aqueuse quelconque, de sucre par exemple, qu'on ferme hermetiquement le vase, et qu'on le plonge dans l'eau pure, on voit peu à peu le mercure du manomètre refoulé par l'eau pure affluant dans le vase de Pfeffer, et atteindre une certaine hauteur P qui reste constante. L'eau pouvant circuler librement à travers la paroi du vase dans les deux sens, cette pression P ne peut être attribuée qu'à la présence du corps dissous : Pfeffer l'a appelée la *pression osmotique* de la solution.

Les cellules des végétaux constituent des parois hémi-perméables naturelles : elles se laissent en effet traverser par l'eau pure, mais non par les sels qu'elles renferment. C'est ce qui explique pourquoi les plantes coupées se flétrissent si rapidement à l'air sec, et semblent au contraire revivre quand on les plonge dans l'eau : dans le premier cas, l'eau contenue dans les cellules s'évapore à travers leurs parois ; mais si l'on plonge les plantes ainsi flétries dans l'eau, celle-ci afflue rapidement à l'intérieur des cellules et cela d'autant plus rapidement qu'elles contiennent plus de sels minéraux (acétates, tartrates de potasse, chaux, etc.). C'est aussi grâce à cette propriété des cellules végétales d'être imperméables aux sels métalliques que les végétaux vivants conservent leurs sels métalliques, même lorsqu'ils sont mouillés par la pluie ou baignés dans l'eau.

Van t'Hoff, en rapprochant les résultats obtenus par Pfeffer en opérant à température constante sur des solutions de concentrations variées, ou, à des températures différentes, sur des solutions de même concentration, a constaté qu'à température constante, la pression osmotique est proportionnelle à la concentration C, et que, à concentration égale, la pression osmotique est proportionnelle à la température absolue T ; c'est ce que montrent les tableaux suivants relatifs à des solutions de sucre de canne et de tartrate de soude dans l'eau, d'après les résultats obtenus par Pfeffer :

I. (T constant, C variable)

—

Solution de sucre de canne dans l'eau

Concentration (en grammes de sucre par 100 gr d'eau)	Pression P observée (en millimètres de mercure)	Rapport $\frac{P}{C}$
1 0/0	535mm	535
2 0/0	1,016	508
2,74 0/0	1,518	554
4 0/0	2,062	521
6 0/0	3,075	513

II. (C constant, T variable)

—

Corps dissous	Température centigrade	Pression osmotiq[ue] observée	Pression osmotiq[ue] calculée en supposant P=KT
Sucre	32°	544	»
Sucre	14°15	510	512
Tartrate de soude	37°3	983	»
Tartrate de soude	13°3	908	907

Il en résulte donc que la concentration C d'une solution, sa pression osmotique P et sa température absolue P sont reliées par une équation de la forme :

$$P = A.C.T$$

A étant une constante. Si l'on considère le poids moléculaire m du corps dissous dans un volume variable V du dissolvant, on aura $C = \frac{m}{V}$ et l'expression ci-dessus devient :

$$PV = AmT$$

expression identique à la loi de Mariotte-Gay-Lussac :

$$PV = RT$$

En comparant les valeurs Am des équations semblables pour différents corps (dissolvants ou dissous), étudiés par MM. Pfeffer et de Vries, Van t' Hoff a de plus constaté que Am a la même valeur quels que soient ces corps, et que cette valeur est exactement la même que celle de la constante R de la loi de Mariotte-Gay-Lussac (soit 845,05 en exprimant m en kilogrammes, et P en kilogrammes par mètre carré).

Cette loi se vérifie bien pour les solutions étendues de corps normaux (substances organiques) ; pour les sels métalliques en dissolution dans l'eau, la constante de la loi des pressions osmotiques n'est plus la même et on doit remplacer l'équation précédente par une autre de la forme :

$$PV = iRT$$

i étant un coefficient constant dépendant de la nature de la solution.

On démontre d'ailleurs aisément que ce coefficient i n'est autre que le coefficient déduit des lois de Raoult ou de Wüllner; qu'on explique facilement avec la loi des pressions osmotiques [1].

La très grande difficulté d'obtenir des vases de Pfeffer réellement hémiperméables n'a pas permis de répéter et de varier ces expériences, de façon à mesurer directement les pressions osmotiques des solutions salines dans un grand nombre de cas : aussi doit-on considérer la loi des pressions osmotiques plutôt comme une hypothèse très remarquable permettant de coordonner de nombreuses propriétés différentes des solutions, que comme l'expression d'une loi naturelle démontrée par un ensemble de faits indiscutables.

Des expériences exécutées récemment avec un très grand soin, par M. Ponsot (*C. R. de l'Académie des Sciences* 2e sem. 1897, p. 867), au moyen de vases de Pfeffer et de solutions très diluées de sucre de canne, lui ont donné les résultats suivants :

1. On trouvera ces démonstrations dans *L'Equilibre chimique dans les systèmes gazeux ou dissous à l'état dilué*, par J.-H. Van t'Hoff (archives néerlandaises t. XX). Voir aussi *La Force Osmotique*, conférence faite par J.-H. Van t'Hoff devant la Société chimique de Paris (*Revue Scientifique*, 1er sem. 1894, p. 577).

$t = 11^{o}8$ $c = 1^{g}235$ par litre, p. osmotique $= 861$ à 890 mill. suivant les vases
$t = 11^{o}8$ $c = 0{,}6175$ » » $= 433$ à 444 »
avec un même vase et des solutions à 1 gr. 235 par litre :
$t = 11^{o}8$ p. osmotique $= 890$ mill.
$t = 0^{o}8$ p. osmotique $= 846$ » (p. calculée $= 855$ mill.).

A température constante la pression *moyenne* de la solution à 0,6175, concentration moitié de la solution à 1,235, est bien sensiblement la moitié de la pression moyenne que donne celle ci, mais on voit que la pression varie beaucoup d'un vase à l'autre. A température variable, l'accord est moins satisfaisant qu'avec les données des expériences de Pfeffer reproduites ci-dessus.

85. Hypothèse d'Arrhénius. — L'écart que présentent les solutions de sels métalliques par rapport aux solutions des corps normaux a fait l'objet d'une hypothèse très ingénieuse de la part du chimiste suédois Arrhénius qui a tenté de l'expliquer de la manière suivante[1]. Arrhénius admet que les molécules existant dans la dissolution ne sont pas les molécules physiques : SO^4Cu par exemple pour le sulfate de cuivre, KCl pour le chlorure de potassium, mais des molécules plus simples provenant de la dissociation des premières en groupes différents, ceux que Faraday a appelés *ions* électriques et dans lesquels l'électricité décompose les sels métalliques, c'est-à-dire SO^4 et Cu, K et Cl, etc. Si donc on prend un certain nombre N de molécules de chlorure de potassium par exemple, et qu'on les dissolve dans l'eau, le nombre total des molécules présentes dans la dissolution n'est pas égal à N, mais au nombre n des molécules non dissociées augmenté du nombre p d'ions libres, $n + p$ étant plus grand par conséquent que N ; or, c'est au nombre $n + p$ de molécules que doit s'appliquer la loi des pressions osmotiques, et non au nombre N. Si par exemple toutes les molécules de KCl étaient dissociées en ions K et Cl, on aurait deux fois plus d'ions que de molécules introduites dans le dissolvant et ce serait l'équation :

$$PV = 2RT$$

qui serait l'expression exacte de la loi de Van t'Hoff; absolument (62) comme si l'on cherchait la relation entre la pression, le volume et la température d'un volume moléculaire de vapeur de soufre, pris à la température de 500° et à la pression atmosphérique, la loi de Mariotte-Gay-Lussac $PV = RT$ devrait être remplacée à partir de 800° par l'équation $PV = 3RT$, et à des températures intermédiaires entre 500° et 800° par une équation $PV = iRT$, i variant entre 1 et 3 suivant la température.

Avec les hypothèses de Van t'Hoff et d'Arrhénius, la solution d'un corps dans un dissolvant est exactement semblable à la vaporisation du même corps dans un volume vide égal à celui de la solution, puisque la pression osmotique et la tension de la vapeur du corps occupant le même volume sont identiques. La loi approchée des solutions saturées :

1. Voir *La Lumière Electrique* du 31 août 1889.

$$i\frac{dC}{dT} = -500\ L\ \frac{C}{T^2}$$

est alors une conséquence immédiate de la loi de Van t'Hoff ; il n'y a plus en effet aucune distinction à faire entre le phénomène de la vaporisation d'un corps en vase clos et celui de sa dissolution dans un dissolvant occupant le même volume ; l'équation des tensions de vapeur :

$$i\frac{dP}{dT} = -500\ L\ \frac{P}{T^2}$$

devient immédiatement applicable, et il suffit de remplacer la pression par la concentration qui lui est proportionnelle, la chaleur latente de vaporisation par la chaleur latente de dissolution, pour obtenir la loi des solutions saturées.

86. Diffusion et dialyse des corps dissous. — Les propriétés des solutions salines et la notion des pressions osmotiques permettent d'expliquer facilement les phénomènes de diffusion des corps dissous étudiés principalement par le chimiste anglais Graham, en 1850.

Lorsqu'on fait tomber dans de l'eau pure une goutte d'une solution saline ou un fragment d'un corps soluble, les particules du corps dissous se répandent peu à peu dans tout le liquide en se diffusant comme un gaz, avec des vitesses très variables suivant les corps. Pour comparer ces vitesses, Graham employait un cylindre de verre rempli d'eau, au fond duquel on étalait avec une pipette capillaire un certain volume de la solution du corps en expérience. On pouvait avec un siphon capillaire prélever des échantillons de liquide à différentes hauteurs, et l'analyse du liquide en différentes tranches équidistantes du cylindre permettait d'étudier la répartition du corps diffusé dans le liquide au bout d'un temps déterminé. En opérant sur le même poids de chaque corps et en faisant cette analyse au bout de temps égaux, on peut aussi comparer les vitesses de diffusion des différentes substances. C'est ainsi que Graham a constaté que le chlorure de sodium diffuse plus vite que le sulfate de magnésie, celui-ci plus vite que le sucre, etc.

Des corps organiques colloïdes tels que l'albumine, ne s'élèvent que très lentement dans le cylindre.

On peut séparer approximativement par ce procédé des corps coexistant dans la même dissolution : c'est ainsi qu'en plaçant au fond du cylindre une solution de 5 gr. de chlorure de sodium et 5 gr. de sulfate de soude, Graham a constaté qu'au bout de 14 jours, la partie supérieure du liquide contenait 15 fois plus de chlorure que de sulfate.

Les recherches ultérieures de Fick ont établi que la quantité du corps dissous qui passe d'une section à la section infiniment voisine dans l'unité de temps est proportionnelle à la différence de concentration des deux sections. Comme la pression osmotique des corps est proportionnelle à la concentration, la loi de Fick revient donc à dire que la quantité du corps dissous qui traverse la surface séparant deux tranches consécutives est proportionnelle à la différence des pressions osmotiques dans ces deux tranches : on conçoit donc que des poids égaux de corps différents, dissous dans le même volume, se diffuseront avec des vitesses inégales, puisque leurs pressions osmotiques sont inversement proportionnelles à leurs poids moléculaires (au coefficient i près). C'est bien ce qu'ont vérifié les expériences de Graham où les corps se diffusant le plus vite sont à poids moléculaires faibles, et ceux se diffusant le plus lentement à poids moléculaires élevés.

Si l'on fait diffuser des sels que l'eau décompose, on constate que les composants du sel sont partiellement séparés à cause de leur vitesse inégale de diffusion : c'est ainsi que si l'on fait diffuser un sel double comme l'alun, le sulfate de potasse se sépare en partie du sulfate d'alumine. L'acide peut même se séparer de la base quand on fait diffuser un sel simple facilement hydrolysable (55) : c'est ce qui arrive notamment avec le chlorure ou l'acétate d'alumine.

Graham a constaté que les substances se diffusant lentement n'empêchent pas les substances se diffusant vite de les traverser, mais arrêtent complètement les substances se diffusant avec lenteur : il a été ainsi conduit à découvrir la *dialyse*, opération consistant à séparer les corps se diffusant bien ou *cristalloïdes* des corps se diffusant mal ou *colloïdes*, au moyen d'une membrane colloïdale baignée, d'un côté par la dissolution des corps cristalloïdes et colloïdes mélangés, de l'autre par de l'eau pure ; les cristalloïdes traversent la membrane ou *septum*, les colloïdes restent dans leur solution. On peut ainsi séparer l'acide et la base de certains sels que l'eau décompose facilement, comme le perchlorure de fer et l'acétate d'alumine dont les bases sont colloïdes. La dissolution de ces sels est placée dans un *dialyseur* (fig. 31) formé par une fiole dont le fond est remplacé par une membrane en baudruche ou en papier parchemin, et qui est plongée dans l'eau pure : au bout de quelques jours, l'acide s'est répandu dans l'eau pure et l'oxyde métallique reste dans le dialyseur généralement à l'état de dissolution dans le liquide primitif, dissolution instable d'où l'oxyde se précipite sous l'influence de la chaleur, l'addition de certains sels minéraux, etc.

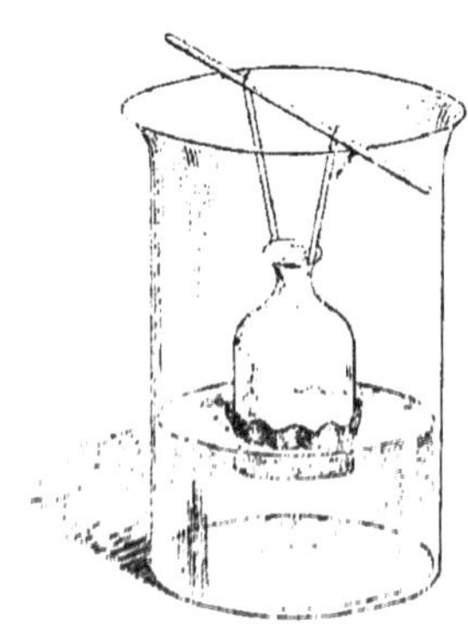

Fig. 31.

LOIS DE L'ÉQUILIBRE DANS LES DOUBLES DÉCOMPOSITIONS

87. Loi numérique. — On peut déduire des principes de la thermodynamique une loi approchée de l'équilibre dans les doubles décompositions de corps dissous dans l'eau ; M. H. Le Châtelier l'a établie en admettant la fiction que tous les corps sont volatils, M. Van t'Hoff en s'appuyant sur la loi des pressions osmotiques [1] ; son expression est :

$$(1) \qquad \text{Log.}\ \frac{C^{ni}C'^{n'i'}}{C''^{n''i''}C'''^{n'''i'''}} + 500 \int L \frac{dT}{T^2} = \text{constante}$$

en appelant C la concentration de chaque corps présent dans le système en équilibre, c'est-à-dire le nombre de molécules de chaque corps dissous dans l'unité de volume du mélange quand l'équilibre est atteint, n, n'... le nombre de molécules du premier système réagissant pour donner n'', n'''... molécules du système opposé, i, i', i'', i''',... les coefficients de la loi de Raoult propres à chaque corps des deux systèmes, et L la chaleur de réaction des n, n' molécules du premier système se transformant en n'', n'''... molécules du deuxième.

Les corps insolubles, n'influant point par leur concentration sur l'état d'équilibre, n'entrent pas dans cette équation ; on peut, en pratique, en faire autant pour la concentration de l'eau, la formule ayant été établie dans le cas de solutions très diluées et la concentration de l'eau pouvant dès lors être regardée comme une constante dont le logarithme se confond avec la constante d'intégration du second membre.

Nous allons voir dans quelles limites sont vérifiées les conséquences que l'on peut déduire de cette formule. Comme L est une fonction inconnue de la température, on ne peut pas, en général, intégrer le terme $\int L \frac{dT}{T^2}$; mais la formule est susceptible cependant de nombreuses vérifications dans le cas des équilibres isothermiques, pour lesquels elle se réduit à l'expression :

$$(2) \qquad \frac{C^{ni}C'^{n'i'}}{C^{n''i''}C'''^{n'''i'''}} = \text{constante}$$

1. *Recherches expér. et théoriq. sur les équilibres chimiques*, par H. Le Châtelier, p. 147. — *L'équilibre chimique dans les systèmes gazeux ou dissous*, par J. H. Van t'Hoff.

Il suffit alors de connaître les coefficients i pour pouvoir vérifier l'exactitude de cette formule dans les cas où l'on peut déterminer par l'analyse la concentration de tous les corps solubles en présence ; nous allons en voir quelques vérifications intéressantes.

88. Expériences de MM. Guldberg et Waage sur la décomposition des sulfates insolubles par les carbonates alcalins. — Lorsqu'on fait réagir une solution de carbonate de potasse ou de soude sur un sel insoluble comme le sulfate de baryte, il se produit une double décomposition, mais qui n'est pas complète et est limitée par la réaction inverse :

$$CO^3K^2 + SO^4Ba \leftrightarrows CO^3Ba + SO^4K^2$$

Appliquons la formule (2) précédente à ce cas qui est très important, car il est susceptible de fréquentes applications dans les analyses chimiques. Ici, le sulfate de baryte et le carbonate de baryte étant insolubles ne figurent pas dans l'équation isothermique (2) qui se réduit à :

$$\frac{C_{(CO^3K^2)}^{ni}}{C_{(SO^4K^2)}^{n''i''}} = \text{constante}$$

Comme $n = n'' = 1$, que $i = 2{,}26$ pour CO^3K^2, et $i'' = 2{,}11$ pour SO^4K^2, l'équation devient :

$$\frac{C_{(CO^3K^2)}^{2,26}}{C_{(SO^4K^2)}^{2,11}} = \text{constante}$$

C'est en effet ce que l'expérience vérifie d'une façon satisfaisante, même pour des liqueurs très concentrées, ainsi que le montre le tableau suivant, mettant en regard les concentrations du carbonate et du sulfate de soude observées, et les concentrations de celui-ci calculées en prenant l'une des expériences comme point de départ, pour calculer la valeur de la constante :

CO^3K^2	SO^4K^2	
C observé	C′ observé	C″ calculé
molécules par litre	molécules par litre	molécules par litre
0.82	0.175	0.180
1.60	0.395	0.375
1.80	0.450	0.445
2.00	0.5	
2.20	0.550	0.550
2.75	0.660	0.710
2.78	0.720	0.715
3.55	0.825	0.935

89. Expériences de M. Ostwald sur la décomposition du sulfate de zinc par les acides. — Voici les résultats obtenus pour la décomposition du sulfate de zinc par l'acide sulfurique :

$$SO^4H^2 + ZnS \rightleftarrows SO^4Zn + H^2S$$

L'équation d'équilibre isotherme est ici (le sulfure de zinc étant insoluble dans l'eau) :

$$\frac{C^{\;2,06}_{SO^4H^2}}{C''^{\;0,98}_{SO^4Zn}\; C'''^{\;1,04}_{H^2S}} = \text{constante}$$

Comme C″ est forcément égal à C‴, puisqu'il n'y a dans la liqueur initiale ni sulfate de zinc, ni hydrogène sulfuré, l'équation précédente devient :

$$\frac{C^{\;2,06}_{SO^4H^2}}{C'''^{\;2,02}_{H^2S}} = \text{constante}$$

Le tableau suivant donne la comparaison, comme ci-dessus, entre les chiffres observés et calculés :

SO^4H^2	H^2S	
C observé	C''' observé	C''' calculé
0.250	0.595	0.600
0.125	0.296	0.300
0.062	0.150	
0.031	0.077	0.075

L'accord est ici absolu.

Des vérifications du même ordre ont été faites par M. Schlœsing et par M. Engel pour l'action de l'acide carbonique en dissolution sur les carbonates de chaux et de magnésie, qu'il transforme en bicarbonates tendant à se décomposer à la même température en acide carbonique et carbonate neutre ; par M. Thomsen pour l'action de l'acide sulfurique sur le nitrate de soude ; par M. Ostwald pour l'action de divers acides sur l'oxalate de chaux, enfin par M. H. Le Châtelier pour l'action de l'eau sur le sulfate mercurique : on peut donc regarder la loi énoncée comme suffisamment exacte.

90. Sens exact des lois de Berthollet. — La discussion de la formule générale de l'équilibre dans les doubles décompositions permet, ainsi que l'a montré M. Le Châtelier [1], de préciser le rôle exact que jouent l'insolubilité et la volatilité des corps pouvant se former, et de se rendre compte par suite des limites dans lesquelles les doubles décompositions s'effectuent conformément aux lois de Berthollet.

Supposons, pour simplifier la discussion, qu'il s'agisse de

1. *Recherches exp. et théor. sur les Equilibres chimiques*, p. 169 et suiv.

l'action mutuelle de deux sels pris sous leur poids moléculaire (d'où $C = C'$ et $C'' = C'''$), et que les coefficients i soient égaux à l'unité. L'équation générale, dans le cas d'une transformation isothermique, se réduit alors à :

$$(1) \qquad \frac{C^2}{C''^2} = \text{constante, ou } \frac{C}{C''} = K$$

K étant une constante que l'on peut appeler le coefficient de partage.

On voit que si l'on augmente progressivement la concentration des sels primitifs, il doit se produire constamment une double décomposition de façon à maintenir constant le rapport des deux états opposés du système. En continuant à faire croître la proportion des sels primitifs, il pourra arriver que l'un des sels résultants arrive à sa limite de saturation ; soit S la concentration de ce sel à saturation. Notre équation (1) peut s'écrire :

$$\frac{C.C}{C''.S} = K, \text{ d'où } \frac{C}{C''} = K.\frac{S}{C}, \text{ ou } \frac{C}{C''} = K'.\frac{1}{C}$$

K′ étant une nouvelle constante.

On voit qu'à partir de ce moment, le rapport $\frac{C}{C''}$ ira en diminuant à mesure que C ira en augmentant ; C″ augmentera donc plus vite que C puisque le rapport $\frac{C}{C''}$ va en diminuant. Donc le coefficient de partage qui était constant jusque-là, ira en diminuant, c'est-à-dire que la transformation des sels primitifs en sels résultants sera de plus en plus complète par le fait de l'insolubilité de l'un de ceux-ci.

Le raisonnement serait identique si l'un des corps du second système était volatil.

Tel est le véritable sens des lois de Berthollet. L'insolubilité ou la volatilité de l'un des corps ne rend pas la transformation, qui serait naturellement limitée, absolument complète : elle la rend seulement d'autant plus complète que le coefficient de partage K est plus petit, et que le coefficient de solubilité S du sel précipité est plus faible, ce qui fait atteindre plus rapidement le moment où le corps se dépose.

Il peut se faire que S soit très petit et K très grand ; alors la transformation peut être très faible, même s'il peut se produire un sel insoluble : c'est ce qui explique par exemple l'absence d'action de l'acide carbonique sur le chlorure de calcium, malgré l'insolubilité du carbonate de chaux. Ce qui fait qu'en réalité les lois de Berthollet sont applicables dans un très grand nombre de cas, c'est que le plus souvent le coefficient K, dont la valeur dépend de celle de la chaleur de réaction L, prend des valeurs finies se rapprochant de l'unité, quand L tend vers zéro, condition réalisée dans les doubles décompositions simples de tous les sels neutres, ainsi que nous l'avons vu (58), et qui a amené le chimiste Hess à formuler la loi de thermo-neutralité.

Dans l'action des acides sur les sels, la chaleur de déplacement est plus rarement nulle ou très faible : aussi les lois de Berthollet semblent-elles souvent en défaut dans ce cas, où l'on ne doit les invoquer que lorsque la chaleur de saturation de la même base par les deux acides est sensiblement la même.

La loi numérique de l'équilibre dans les doubles décompositions permet aussi de prévoir que l'influence des variations de température sur le coefficient de partage K est peu sensible toutes les fois que la chaleur de réaction L est très petite, c'est-à-dire dans tous les cas où les lois de Berthollet sont applicables. La température peut cependant jouer dans certains cas un rôle considérable en modifiant la solubilité des corps réagissants et de leurs produits. Il pourra en effet arriver, suivant que l'on opère à froid ou à chaud, que ce sera un sel de l'un ou de l'autre système qui arrivera le premier à sa limite de solubilité, et par suite le sens dans lequel la réaction tend à devenir plus complète pourra être renversé par une variation de température. C'est ainsi que dans le traitement

Balard des eaux-mères des marais salants pour sulfate de soude, le système dissous, chlorure de sodium et sulfate de magnésie, donne par évaporation à la température ordinaire des cristaux de sulfate de magnésie mélangés de chlorure de sodium, tandis qu'au-dessous de zéro, il se dépose exclusivement du sulfate de soude ; cela tient à ce que, des quatre sels pouvant coexiter par suite de la double décomposition :

$$2NaCl + SO^4Mg \rightleftarrows MgCl^2 + SO^4Na^2,$$

c'est, à la température ordinaire, le sulfate de magnésie qui est le moins soluble, tandis qu'au-dessous de zéro, c'est le sulfate de soude.

91. Comparaison des équations d'équilibre des différents systèmes. — On peut remarquer que la loi de l'équilibre dans les doubles décompositions renferme implicitement les lois d'équilibres des autres systèmes.

Prenons en effet l'équation :

$$(1) \qquad \text{Log} \frac{C^{ni}C'^{n'i'}}{C''^{n''i''}C'''^{n'''i'''}} + 500 \int \frac{LdT}{T^2} = \text{constante.}$$

Elle s'applique à la dissociation simple dans les systèmes totalement hétérogènes :

$$CO^2 + CaO \rightleftarrows CO^3Ca$$

en remarquant que la concentration C de l'acide carbonique est proportionnelle à sa pression P, et que CaO et CO^3Ca n'interviennent pas dans l'équilibre, étant solides ; l'équation (1) devient donc (n et i étant égaux à 1 pour l'acide carbonique) :

$$\text{Log } P + 500 \int \frac{LdT}{T^2} = \text{constante.}$$

Pour les systèmes homogènes :

$$H^2 + I^2 \rightleftarrows 2IH$$

l'équation (1) donne :

$$\text{Log} \frac{C_H^i \, C_I^{i'}}{C_{IH}^{''2i''}} + 500 \int \frac{LdT}{T^2} = \text{constante,}$$

or, dans ce cas, C' est égal à C, les coefficients i sont égaux à l'unité et de plus on peut remplacer les concentrations par les pressions p des gaz qui leur sont proportionnelles ; il vient alors :

$$\text{Log} \frac{p_H^2}{p_{IH}^{''2}} + 500 \int \frac{LdT}{T^2} = \text{constante}$$

qui n'est autre que l'équation de l'équilibre dans la dissociation de l'acide iodhydrique indiquée précédemment (72).

Enfin les dissolutions peuvent encore rentrer dans le cas des doubles décompositions, en appliquant la formule (1) au système :

$$\text{Corps dissous} + \text{eau} \rightleftarrows \text{corps solide} + \text{eau}$$

En supposant la concentration de l'eau constante, comme celle du corps solide n'intervient pas, l'équation (1) donne en effet en appelant C la concentration du corps dissous et i le coefficient qui le concerne :

$$\text{Log } C^i + 500 \int \frac{L dT}{T^2} = \text{constante}$$

qui est précisément l'équation de l'équilibre dans les dissolutions.

On voit ainsi se réaliser d'une façon complète les prévisions de Sainte-Claire-Deville sur les réactions limitées par les réactions inverses à une même température ; c'est bien la même loi qui régit leur équilibre, et cette loi n'est qu'une généralisation de celle qui règle la vaporisation des liquides en vase clos.

Nous terminerons l'étude des équilibres chimiques pour l'examen de quelques-unes des conséquences qui en découlent.

APPLICATIONS DIVERSES DES LOIS DES ÉQUILIBRES CHIMIQUES

92. Détermination de l'existence de combinaisons chimiques dans le cas de systèmes totalement hétérogènes. — L'étude de la façon dont se décomposent les corps sous l'influence de la chaleur permet dans beaucoup de cas douteux de déterminer avec précision si l'on a affaire à un mélange ou à une combinaison.

Si nous prenons un composé défini solide, capable de se dissocier en un gaz et un corps solide comme le carbonate de chaux, la tension du gaz est fonction de la température mais non du volume qu'il occupe. Si l'on suppose le carbonate placé dans un vase obturé par un piston mobile que l'on déplace lentement de façon à augmenter progressivement le volume occupé par l'acide carbonique, la pression de l'acide carbonique reste constante et le phénomène peut être représenté par une droite parallèle à l'axe des volumes si l'on porte ceux-ci en abscisses et les pressions en ordonnées (fig. 32).

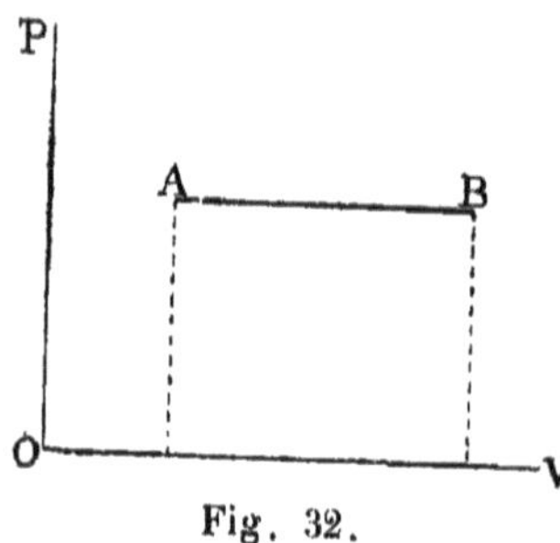

Fig. 32.

Prenons maintenant un corps poreux ayant la propriété de condenser les gaz, comme le charbon de bois imprégné de gaz ammoniac dont il peut absorber jusqu'à 90 fois son volume à 0°. Si nous plaçons le charbon ammoniacal dans un vase de volume variable, dont la température soit maintenue constante, le gaz ammoniac se dégagera jusqu'à ce qu'il atteigne une certaine pression P qui restera invariable, si le volume du vase est lui-même invariable. Si l'on augmente ce volume, une nouvelle quantité de gaz ammoniac se dégagera, mais sa pression finale ne reviendra pas à la valeur initiale P ; elle restera fixe à une valeur $P' < P$; en sorte que si l'on fait croître progressivement le volume du vase, le phénomène sera représenté par une courbe telle que AB (fig. 33), dont l'ordonnée diminue à me sure que l'abscisse augmente. Le phénomène est bien réversible comme dans le cas du carbonate de chaux, mais bien que le système ait l'allure d'un système totalement hétérogène, on est en présence d'un phénomène régi par la loi des systèmes partiellement hétérogènes : le gaz restant dans le charbon y est *dissous*, et le système initial représente, non pas une combinaison définie, mais une véritable dissolution, analogue à la dissolution d'un gaz dans l'eau.

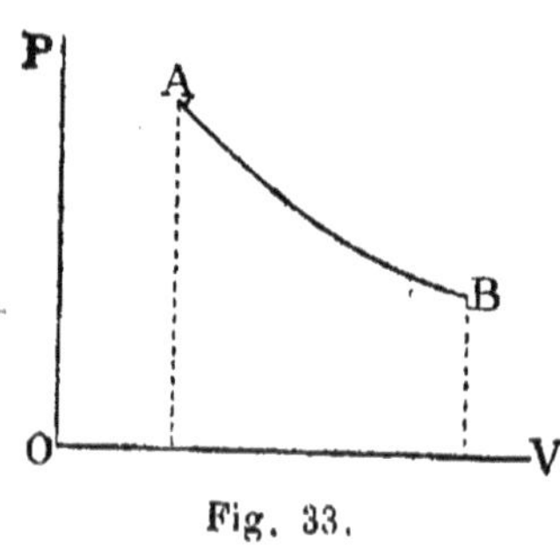

Fig. 33.

On peut appliquer le même criterium à un assez grand nombre de cas analogues ; il suffit de chauffer en vase clos le corps solide dégageant un gaz, de noter la pression du gaz et de faire varier le volume du vase ou, ce qui revient au même, de retirer du gaz avec une machine pneumatique : si la pression ne reprend pas sa valeur initiale, on a affaire à un mélange ou à une dissolution d'un gaz dans un solide ; si elle reste invariable (sans que le corps solide change d'état physique), on a affaire à une combinaison.

Cette méthode a été appliquée avec succès à l'étude des hydrures métalliques, des hydrates salins, etc.

93. Température de combustion des flammes. — L'une des conséquences les plus importantes des phénomènes de dissociation, est le fait (point de départ des travaux de Sainte-Claire-Deville), de l'impossibilité pour les mélanges gazeux, tels que l'hydrogène et l'oxygène, l'hydrogène et le chlore, etc., de se combiner complètement si la réaction se produit dans un milieu imperméable à la chaleur : dans ce cas la chaleur dégagée par les premières portions des gaz qui se combinent, hydrogène et oxygène par exemple, élève en effet la température du système jusqu'au moment où les condensations respectives de la vapeur d'eau formée et de l'hydrogène et de l'oxygène libres correspondent à la loi d'équilibre ; et à partir de ce moment, la réaction s'arrête. Elle ne peut continuer que s'il y a déperdition continuelle de chaleur par conductibilité à l'extérieur, et la température limite atteinte par le mélange en combustion sera d'autant plus basse que cette déperdition sera plus rapide. La température d'un mélange de gaz en combustion, d'une flamme, ne dépend donc pas seulement de la quantité de chaleur dégagée par la réaction, et est généralement inférieure à celle que donne le calcul en écrivant que la chaleur dégagée par la combinaison est employée exclusivement à échauffer les produits de celle-ci ; cette température dépend aussi de l'état d'équilibre qui tend à s'établir entre les composants et les composés au fur et à mesure que leur température s'élève, celle-ci ne pouvant pas en tout cas dépasser la valeur qu'elle atteindrait en opérant la réaction dans une enceinte de même volume imperméable à la chaleur.

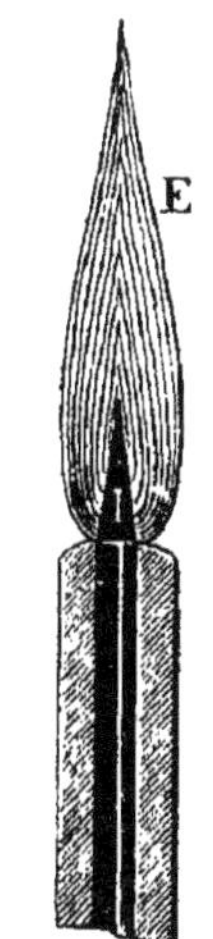

Fig. 34.

Sainte-Claire-Deville a nettement démontré par l'expérience suivante que, dans les flammes, la combustion est incomplète et limitée par la dissociation de l'acide carbonique précisément dans les parties les plus chaudes. Dans une flamme produite par un jet d'oxyde de carbone et d'oxygène pur ayant 70 à 100 mm. de hauteur (fig. 34), il a d'abord constaté, en examinant quels sont les métaux qui entrent en fusion à diverses hauteurs de la flamme (argent, or, platine, etc.), que la température croît depuis l'extrémité supérieure de la flamme E jusqu'au sommet d'un cône intérieur I plus sombre de 10 mm. de hauteur qu'on y aperçoit, et où se produit le maximum de température. Tandis qu'en effet au sommet de la flamme E l'argent fond et que le platine rougit seulement, le platine commence à fondre à 5 mm. au-dessus de la pointe du cone I, et fond rapidement avec projection d'étincelles sur cette pointe. On peut déterminer la composition des gaz en chaque point de la flamme en y plongeant un petit tube métallique traversé par un courant d'eau froide et percé en dessous d'un très petit orifice par lequel les gaz ambiants sont aspirés comme dans une trompe ; ils peuvent être ainsi recueillis sous une éprouvette sur l'eau et analysés.

En déterminant ainsi la composition des gaz de la flamme, Sainte-Claire-Deville a constaté que le rapport des gaz non combinés (oxyde de carbone et oxygène) aux gaz combinés (acide carbonique) va en croissant depuis l'extrémité de la flamme E où l'acide carbonique existe seul jusqu'au sommet du cône I où les deux tiers seulement des gaz oxygène et oxyde de carbone sont combinés ensemble ; on est ainsi amené à conclure que c'est dans la partie la plus chaude que la combinaison est la moins complète, précisément à cause de la dissociation de l'acide carbonique sous l'influence d'une température élevée. Il est de plus évident que la température, au point où elle est le plus élevée, ne peut dépasser celle qu'est susceptible de communiquer au mélange des gaz la fraction qui s'est combinée, et cette température est forcément inférieure à celle qui serait atteinte si les gaz se combinaient intégralement en tous les points de la flamme.

Nous avons vu, au début de l'étude des phénomènes de dissociation, dans quelle énorme proportion est ainsi réduite la température théorique du mélange d'hydrogène et d'oxygène par la dissociation de la vapeur d'eau croissante avec la température.

On peut d'ailleurs, en renversant les termes du problème, calculer approximativement la proportion des gaz non combinés dans une flamme, si l'on a un moyen de déterminer la température de la flamme et si l'on connaît les chaleurs spécifiques des gaz combustibles et les produits de leurs combustions jusqu'à cette température.

Bunsen a montré, en 1867, qu'on peut mesurer les températures de combustion en enfermant le mélange gazeux combustible en vase clos, le faisant détoner, puis mesurant la pression très élevée et instantanée que développe la combustion, avant que le refroidissement de l'enceinte ait pu se faire sentir. Si l'on appelle :

h la pression initiale du mélange gazeux ;

T_0 la température absolue initiale ;

Π la pression développée aussitôt après la combustion ;

T la température absolue de combustion ;

1 le volume initial du gaz tonnant et v le volume des gaz étrangers mêlés au gaz tonnant, à h et T_0 ;

u le volume qu'occupent, après la combustion, les gaz produits par la combustion complète de 1 vol. de gaz tonnant, ramenés à h et T_0 ($u = \frac{2}{3}$ par exemple, dans la combustion $CO + O = CO^2$) ;

k la fraction du mélange tonnant qui s'est combinée, en sorte que le volume du gaz produit par la combustion est ku ;

c la chaleur spécifique moyenne du mélange tonnant à volume constant entre T_0 et T, rapportée à l'unité de volume ;

c' la chaleur spécifique des gaz étrangers, c_1 celle des produits de la combinaison dans les mêmes conditions ;

Q la chaleur dégagée par la combustion complète à volume constant de 1 vol. du gaz tonnant ;

on aura, en écrivant que la chaleur dégagée kuQ a été employée à chauffer de T_0 à T les gaz existant dans le mélange après combustion :

$$kuQ = [(1 - k)c + vc' + kuc_1](T - T_0) \qquad (1)$$

La masse gazeuse qui avant la combustion occupait le volume $1 + v$ sous la pression h et la température T_0, occupe immédiatement après la combustion, le même volume $1 + v$ sous la pression Π et à la température T. Cette même masse, ramenée à T_0 et à la pression h, occuperait le volume $1 - k + ku + v$ d'après les définitions précédentes. On aura donc, d'après la loi de Mariotte :

$$\frac{h(1 - k + ku + v)}{T_0} = \frac{\Pi(1 + v)}{T} \qquad (2)$$

Si l'on connaît les chaleurs spécifiques et que l'on puisse mesurer Π, on aura ainsi deux équations ne contenant que deux inconnues : k et T.

Pour le mélange d'hydrogène et d'oxygène purs, sans gaz inerte ajouté, Bunsen a ainsi trouvé 2860° environ pour température de combustion avec

$k = 0,33$; pour le mélange d'oxyde de carbone et d'oxygène purs, 3050° avec $k = 0,35$. Les expériences plus précises[1] de MM. Mallard et Le Châtelier ont donné comme températures de combustion à volume constant (gaz saturés d'humidité) :

pour	$CO + O$	3130°	avec 0,61 0/0 de gaz combinés
—	$CO + O + 3Az^2$	1960°	pas de dissociation
—	$H^2 + O$	3350°	dissociation très faible
—	$H^2 + O + 3CO^2$	1300°	pas de dissociation

94. Température de décomposition complète des composés définis. — L'équation de l'équilibre dans les systèmes complètement hétérogènes

$$\frac{dP}{P} = AL \frac{dT}{T^2}$$

devient, en intégrant, si l'on suppose L constant :

$$\text{Log. } P + \frac{AL}{T} = K$$

Si, appliquant cette formule à la vaporisation des liquides, on donne à P dans l'équation la valeur d'une atmosphère, la valeur correspondante T n'est autre que celle du point d'ébullition du liquide sous la pression atmosphérique. L'expérience montre que la valeur de $\frac{L}{T}$ correspondant à cette température est constante pour tous les liquides, ou du moins varie très peu (de 0,021 à 0,027) : c'est ainsi que pour des liquides très différents, l'eau et le mercure, le rapport $\frac{L}{T}$ est égal à 0,025 pour l'eau et à 0,0220 pour le mercure ; la valeur moyenne de $\frac{L}{T}$ est de 0,024.

Il en résulte que la valeur de la constante d'intégration K est également la même pour tous les liquides : sa valeur moyenne est de 0,0406.

En faisant la même comparaison dans les phénomènes de dissociation simple des systèmes complètement hétérogènes, M. H. Le Châtelier a constaté que les valeurs de $\frac{L}{T}$ et K étaient aussi les mêmes pour les différents corps étudiés, en faisant $P = 1$ atm. dans l'équation d'équilibre, et avaient en moyenne à peu près les mêmes valeurs que pour les liquides : pour le carbonate de chaux, par exemple, $\frac{L}{T} = 0,0234$ et $K = 0,0419$; on a en moyenne $\frac{L}{T} = 0,0236$ et $K = 0,0421$.

1. *Mémoire sur les températures de combustion et les chaleurs spécifiques des gaz aux températures élevées*, par MM. Mallard et Le Châtelier (*Annales des mines*, 8e série, tome IV, 1883).

Cette constance des valeurs de $\frac{L}{T}$ et K n'est d'ailleurs que grossièrement approximative, puisqu'elle suppose L indépendant de la température, ce qui n'est pas exact ; mais elle permet cependant quelquefois d'avoir une idée approchée de la température à laquelle des corps composés, donnant un corps solide et un gaz sous l'influence de la chaleur, pourront être décomposés complètement quand on les chauffe à l'air libre (c'est-à-dire de la température à laquelle leur tension de dissociation atteint une atmosphère), lorsqu'on connait leur chaleur de formation. En appliquant la formule $\frac{L}{T} = 0{,}0236$ à l'oxyde d'argent dont la chaleur de décomposition est de 14 calories, on trouve que la température de décomposition sous la pression atmosphérique doit être de 320 degrés environ. Il en résulte que l'oxyde d'argent devrait pouvoir être formé directement par oxydation de l'argent dans l'oxygène au-dessous de 320° et être totalement décomposé au-dessus : l'expérience vérifie bien cette deuxième conséquence, car l'oxyde d'argent se décompose en effet vers 300°. L'oxydation directe de l'argent au-dessous de 300° ne se produit pas en revanche directement ; mais en augmentant la pression de l'oxygène, M. Le Châtelier est arrivé à oxyder l'argent à 300° sous la pression de 10 atmosphères.

Cet exemple montre le parti que l'on peut tirer de cette loi pour la température de décomposition des oxydes, carbonates, azotates, etc.

RÉSISTANCES PASSIVES

DANS LES TRANSFORMATIONS CHIMIQUES

ET PROCÉDÉS POUR LES SURMONTER

CHAPITRE XI

ROLE DES DIFFÉRENTS MODES DE L'ÉNERGIE

DANS LES RÉACTIONS CHIMIQUES

95. Existence des résistances passives dans les réactions chimiques. — De ce qu'une réaction est susceptible de s'effectuer en vertu du deuxième principe de la thermodynamique (44), il ne s'en suit pas qu'elle doive se produire nécessairement d'une façon spontanée. Ainsi que nous l'avons précédemment indiqué (4), des corps peuvent être indéfiniment en présence à l'état de repos chimique bien que leur combinaison, si elle s'effectuait, dût amener le système dans un état plus stable dans les conditions où il se trouve. On est donc amené à admettre qu'il y a des *résistances passives* s'opposant à la réalisation d'une réaction déterminée, tout comme le frottement s'oppose au mouvement spontané d'un corps pesant, placé sur un plan incliné, si la composante de la gravité parallèle à ce plan est inférieure à la résistance due au frottement. C'est ainsi qu'un mélange d'oxygène et d'hydrogène, de charbon et d'oxygène, une dissolution sursaturée de sulfate de soude en vase clos, etc., peuvent être indéfiniment conservés à la température ordinaire sans altération du système, bien que les produits de leur réaction : vapeur d'eau, acide carbonique, sel solide et dissolution saturée, etc., correspondent à un état plus stable dans les mêmes conditions de pression et de température. La conservation de toutes les substances organiques en présence de l'oxygène de l'air serait impossible sans les résistances passives qui s'opposent à leur combustion spontanée, dont les produits : vapeur d'eau, acide carbonique et azote, sont plus stables cependant que le système : substance organique et oxygène.

Mais, de même que l'on peut mettre en mouvement un corps pesant immobile sur un plan incliné en diminuant la résistance du frottement par un procédé convenable (lubréfiants, rouleaux, etc.), de même on peut par des artifices appropriés faire cesser l'état de repos chimique de corps dont la réaction spontanée est possible, en détruisant ou surmontant les résistances passives qui s'opposent à leur réalisation ; c'est ainsi qu'une élévation de température, une étincelle électrique provoquent la combinaison du mélange d'oxygène et d'hydrogène, la lumière produit celle de l'hydrogène et du chlore, un cristal de sulfate de soude décahydraté précipite une dissolution sursaturée, etc.

La plupart des réactions importantes par leurs applications sont ainsi basées sur des procédés empiriques capables de faire passer les systèmes de l'état de repos chimique, à l'état de mouvement chimique aboutissant à des composés plus stables.

Nous allons étudier ces procédés, dont nous ne pouvons qu'exposer les résultats sans qu'il soit encore permis, en l'état actuel de la science, de prévoir autrement que par voie d'analogie leur influence sur une réaction déterminée.

96. Influence de la pression. — La pression permet de transformer certains corps amorphes en corps cristallisés. Le bioxyde de manganèse produit par précipitation et desséché, puis soumis à une pression de 5000 atmosphères se change en un bloc à cassure brillante présentant au microscope la structure cristalline de la pyrolusite naturelle. De même les sulfures amorphes de zinc, de plomb, d'arsenic obtenus par précipitation d'une solution saline par l'hydrogène sulfuré, se transforment en sulfures cristallisés sous une pression de 6000 atmosphères (Spring).

Nous avons déjà vu (66) que la pression permet de réaliser à la température ordinaire certaines transformations dimorphiques, se faisant spontanément à des températures plus ou moins élevées avec contraction de volume (transformation de l'iodure d'argent hexagonal en iodure cubique à la température de 20° sous la pression de 2475 kilogrammes par cm^2, transformation qui, sous la pression ordinaire, ne se produit d'elle-même qu'à 145°).

La pression permet également de réaliser un grand nombre de réactions qui ne s'effectuent spontanément que sous l'influence d'une température plus ou moins élevée.

De la limaille de zinc ou de cuivre mélangée à du soufre en poudre, et comprimée lentement vers 5000 atmosphères se transforme en sulfure cristallisé ZnS ou Cu^2S tout à fait semblables aux sulfures naturels. Le chlorure mercurique et la limaille de cuivre mélangés et comprimés à 5000 atmosphères donnent une réaction complète avec production de gouttelettes de mercure ; de même un mélange d'iodure de potassium et de chlorure mercurique bien secs, qui reste inaltéré à la température ordinaire, se transforme sous 2000 atmosphères, en un bloc rouge formé d'un mélange intime de chlorure de potassium et d'iodure mercurique. Sous une pression de 4000 atmosphères l'oxyde de mercure attaque le fer et du mercure est mis en liberté.

Il semble que la pression ne peut favoriser que des réactions exothermiques comme toutes celles que nous venons d'énumérer, car des mélanges analogues, iodure de potasset sulfure de mercure, oxyde de mercure et soufre, dont la double décomposition se ferait avec absorption de chaleur n'éprouvent aucune altération sous les plus fortes pressions.

Pour les réactions se faisant sans dégagement thermique important comme la combinaison de l'iode et de l'hydrogène, la pression agit pour accélérer la réaction. D'après les expériences de M. Lemoine, en partant de l'iode et de l'hydrogène libres, chauffés en vase clos à 350 degrés, la fraction de ces gaz qui s'est combinée atteint au bout de huit heures :

0,56 0/0	à la pression de	4 atm.
0,31	»	2 »
0,03	»	1 »

Dans le même ordre d'idées, on peut vérifier qu'une diminution de la *condensation* ralentit la vitesse des réactions, même à faible dégagement thermique comme l'éthérification de l'alcool ordinaire par l'acide acétique. En prenant un système gazeux formé d'équivalents égaux de ces corps et dans lequel 1 gramme de matière occupait 1560 cm^3, M. Berthelot a trouvé que la combinaison, au bout de 458 heures de séjour dans un bain maintenu à 200°, n'avait atteint que les 2/3 de sa limite, tandis que le même système maintenu liquide à 200°, c'est-à-dire sous une condensation 1000 à 1200 fois plus considérable, atteint sa limite de double décomposition au bout de 20 heures [1].

Certaines réactions spontanées ne s'effectuent directement qu'entre certaines limites de pression : c'est ainsi que la combinaison du phosphure gazeux d'hydrogène et de l'oxygène ne s'effectue d'elle-même à la température ordinaire que si la pression relative de l'oxygène par rapport à celle du phosphure a une valeur comprise entre deux limites déterminées (Van t'Hoff). Il en est de même de l'oxydation des vapeurs du phosphore par l'oxygène à la température ordinaire qui atteint son maximum de rapidité pour une pression d'oxygène triple de celle de la vapeur de phosphore, et diminue pour devenir bientôt nulle si la pression de l'oxygène est

1. *Mécanique Chimique*, t. II, p. 94.

augmentée ou diminuée ; il paraît en être de même de l'oxydation des vapeurs de soufre et d'arsenic (Joubert).

La pression favorise l'aptitude à la détonation de la plupart des corps explosifs : l'acétylène dont la décomposition en ses éléments dégage 58 c. 1 par molécule, ne se décompose que très difficilement sous l'influence d'un choc ou de la température quand il est à la pression atmosphérique, et devient extrêmement apte à détoner sous une faible élévation de température lorsqu'il est comprimé à plusieurs atmosphères (Berthelot et Vieille).

Enfin la pression agissant brusquement sous forme de frottement, de vibration et surtout de choc, même sans élévation très sensible de température, est susceptible de provoquer la détonation d'un grand nombre de corps explosifs : argent fulminant, fulminates, nitroglycérine, etc.

97. Influence de la dissolution. — Les corps solides non volatils à la température ordinaire agissent rarement les uns sur les autres par simple contact ; au contraire s'ils peuvent être mis en dissolution, les réactions auxquelles ils peuvent donner lieu s'effectuent spontanément ; de là l'ancien adage : *Corpora non agunt nisi soluta*, les corps n'agissent qu'à l'état dissous. Ce principe évidemment trop absolu comporte de fréquentes vérifications : c'est ainsi que l'aluminium qui n'est attaqué par l'oxygène à aucune température, se combine à lui, aussi facilement que le potassium, s'il est dissous dans le mercure.

L'anhydride carbonique qui n'agit pas à la température ordinaire sur l'hydrate de chaux sec, s'y combine instantanément s'il est en dissolution dans l'eau.

La plupart des doubles décompositions salines ne s'effectuent à la pression ordinaire, que si l'un au moins des sels est en dissolution.

On peut multiplier indéfiniment ces exemples et conclure que, dans l'état dissous, les résistances passives sont presque complètement annihilées.

98. Actions de présence. — Certains corps accélèrent les réactions ou même les rendent possibles à une température où elles ne se produiraient pas spontanément, d'autres au contraire les empêchent, sans qu'on puisse expliquer nettement cette influence.

L'oxydation du phosphore est arrêtée par la présence de certains gaz, souvent à l'état de simples traces : elle ne se produit plus par exemple dans l'air après addition de 1/3 d'hydrogène sulfuré, 1/50 d'éther, 1/450 d'éthylène, 1/1000 d'hydrogène phosphoré, 1/1820 de pétrole, 1/4444 d'essence de térébenthine, etc.

La formation de l'ozone à l'aide de l'effluve électrique est rendue impossible par des traces de chlore, tandis qu'elle est favorisée par la présence de l'azote, de l'hydrogène et du fluorure de silicium.

La présence de l'humidité accélère la combinaison du mélange $H^2 + O$ chauffé à la température d'ébullition du soufre (Van t'Hoff). Elle paraît être nécessaire pour amorcer la combustion de certains gaz : c'est ainsi que, d'après Dixon, un mélange d'oxyde de carbone et d'oxygène parfaitement secs ne détone pas sous l'influence de l'étincelle électrique.

99. Influence des corps poreux. — Certains corps poreux facilitent les réactions ; c'est ainsi que la mousse de platine produit la combinaison spontanée du mélange d'hydrogène et d'oxygène, d'anhydride sulfureux et d'oxygène, d'ammoniaque et d'oxygène, à des températures beaucoup plus basses que celles où la réaction se produit directement : de même la présence de sels de cuivre produit vers 450° la réaction $2HCl + O = H^2O + 2Cl$ qui ne s'effectue directement qu'au rouge blanc.

On peut expliquer l'action de la mousse de platine sur le mélange $H^2 + O$ par la formation d'un hydrure de platine qui se fait avec un dégagement de chaleur suffisant pour produire l'explosion, ou tout au moins pour provoquer la combinaison de l'oxygène avec l'hydrogène occlus dans la platine. De même, on peut expliquer l'action des sels de cuivre sur le mélange $2HCl + O$, par une série de réactions formant un cycle fermé, se reproduisant constamment :

$$2\,CuCl^2 = Cu^2Cl^2 + Cl^2$$
$$Cu^2Cl^2 + O = Cu^2Cl^2O$$
$$Cu^2Cl^2O + 2HCl = 2CuCl^2 + H^2O$$

Mais l'action de la mousse de platine légèrement chauffée sur le mélange $SO^2 + O$ qu'il transforme en anhydride sulfurique (procédé Winkler), sur le mélange d'ammoniaque et d'oxygène qu'il transforme en azotite d'ammoniaque, ne s'explique par aucune réaction intermédiaire connue : peut-être est-elle due simplement à la condensation de ces gaz dans les corps poreux, qui équivaut à un accroissement de pression de ces gaz et doit favoriser par suite la réaction, que celle-ci ait lieu ou non avec contraction. C'est ainsi que pour la combinaison de l'hydrogène et de la vapeur d'iode, M. Lemoine a constaté que, à 350 degrés, la limite de la combinaison qui n'est atteinte à la pression de deux atmosphères qu'au bout de 250 à 300 heures, est obtenue presque immédiatement en présence de la mousse de platine, comme si l'on opérait sous très forte pression. On est donc ainsi amené à identifier l'effet des corps poreux et celui d'une augmentation de pression dans les systèmes gazeux.

L'influence des parois des récipients doit sans doute être expliquée de même par une condensation variable suivant l'état de ces parois : la formation de l'eau avec le mélange $H^2 + O$ à la température d'ébullition du soufre est beaucoup plus lente dans un appareil en verre ayant déjà servi à cette expérience, que dans un appareil neuf (Van t'Hoff).

100. Etat naissant. — On sait depuis longtemps que certains corps agissent plus énergiquement quand ils se dégagent d'une combinaison que lorsqu'on les fait agir à l'état libre. Dans la plupart des cas, cette augmentation de l'énergie chimique d'un corps n'est qu'apparente et tient simplement à la production simultanée d'autres réactions fournissant un appoint d'énergie chimique utilisable. Ainsi l'hydrogène qui à l'état libre ne réduit le chlorure d'argent que vers 300 degrés en argent et acide chlorhydrique gazeux (réaction endothermique), le réduit à la température ordinaire quand la réaction est effectuée dans l'appareil même producteur d'hydrogène ($Zn + SO^4H^2$ dilué) : la réaction est alors fortement exothermique, d'une part à cause de la formation du sel de zinc, d'autre part à cause de la formation d'acide chlorhydrique dissous dégageant 18 calories de plus que l'acide chlorhydrique gazeux.

Dans certains cas cependant on ne peut expliquer l'activité plus grande de certains corps par des réactions corrélatives : c'est ainsi que l'hydrogénation de nombreux corps organiques par l'hydrogène dégagé dans la dissociation de l'acide iodhydrique chauffé vers 180°, ne peut être expliquée par l'énergie chimique rendue disponible dans la décomposition de l'acide iodhydrique, car celle-ci a lieu sans dégagement thermique appréciable.

L'activité plus grande dans certains cas de l'oxygène peut s'expliquer par la présence de petites quantités d'ozone.

Enfin il n'est pas impossible que l'énergie plus grande de certains corps, sortant d'une combinaison ou fraîchement préparés, tienne à ce que ces corps sortent de leurs combinaisons avec une charge électrique qui met un certain temps à se dissiper.

101. Action de la chaleur ; vitesse des réactions suivant la température. — L'élévation de température est un des agents les plus actifs pour produire les réactions chimiques. Un mélange d'hydrogène et d'oxygène, d'oxyde de carbone et d'oxygène, etc., peut être conservé sans altération pendant des années : si l'on introduit dans le mélange un point en ignition, il y a explosion.

Ces réactions paraissent instantanées ; en réalité, elles durent un temps appréciable. Si, au lieu de porter brusquement la température d'un point de la masse au rouge, on chauffe progressivement le mélange d'hydrogène et d'oxygène, il y a combinaison lente bien au-dessous de la température où la combinaison s'effectue brusquement avec explosion. Chaque mélange gazeux explosif d'une composition déterminée possède une température propre à partir de laquelle l'inflammation se propage d'elle-même dans toute la masse : on l'appelle la *limite d'inflammabilité* du mélange gazeux considéré. Cette température est de 560° pour le mélange $H^2 + O$; mais déjà, à la température d'ébullition du soufre, il y a combinaison de 1/10 environ de la masse en trois jours (Vant'Hoff), cette combinaison devenant de plus en plus rapide au fur et à mesure que la température s'élève. A des températures plus basses encore, la combinaison s'effectue, mais paraît atteindre une certaine limite (par exemple 3,8 0/0 du gaz tonnant combiné à 300°, cette limite étant atteinte au bout de 13 secondes d'après MM. A. Gautier et Hélier). Par raison de continuité, on est amené à conclure que l'action à la température ordinaire n'est peut-être pas rigoureusement nulle, mais d'une lenteur telle qu'elle semble l'être ; en déduisant, par extrapolation, la vitesse de réaction de $H^2 + O$ à 10° des vitesses mesurées entre 300° et 2000° obtenues aux hautes températures par la photographie des flammes se propageant dans des tubes remplis de mélange tonnant (Berthelot et Vieille), on arrive à une durée de cinq siècles environ pour la combinaison totale de $H^2 + O$ à la température ordinaire.

Pour certains mélanges gazeux inflammables, la vitesse de réaction est beaucoup plus lente qu'avec $H^2 + O$; c'est ainsi que le mélange de formène et d'oxygène ($CH^4 + 2O^2$) ne prend feu, entre 600° et 650°, qu'après un échauffement préalable de 10 secondes environ à cette température. Ce *retard à l'inflammation*, découvert par MM. Mallard et Le Châtelier, diminue à mesure que la température s'élève et n'est plus que d'une seconde à 1000°; il explique comment des corps incandescents (étincelles du briquet, fer rouge) peuvent être en contact avec ce mélange détonant, qui forme le *feu grisou*, sans en provoquer l'inflammation. Pour certaines réactions, même complètes, la vitesse de réaction est accrue dans des proportions énormes par une faible élévation de température. C'est ainsi que l'action réductrice de l'acide oxalique sur le perchlorure de fer :

$$Fe^2Cl^6 + C^2H^2O^4 = 2FeCl^4 + 2HCl + 2CO^2$$

qui, en liqueur étendue, exige plusieurs siècles pour être complète à la température ordinaire, se réalise complètement en quelques minutes à 100°.

Inversement, on a constaté qu'un froid progressif retarde ou même empêche complètement un grand nombre de réactions s'effectuant d'elles-mêmes à la température ordinaire, même lorsque ces réactions sont très fortement exothermiques.

Dès 1845, Donny et Mareska[1] avaient observé que l'acide chlorhydrique concentré, refroidi par le mélange d'acide carbonique solide et d'éther ne réagit plus sur les métaux et ne produit plus aucune réaction chimique; que refroidi de même, l'acide sulfurique concentré devient pâteux, n'agit plus sur le tournesol, et est sans action sur les alcalis, les carbonates et les chlorates; enfin, que le chlore liquide et maintenu à — 80° n'attaque ni le potassium, ni le sodium, ni l'antimoine, mais continue à s'unir avec le brome, l'iode, le soufre, l'arsenic et le phosphore.

Ce ralentissement et même cette annihilation complète des affinités chimiques aux basses températures ont fait l'objet de nouvelles études, notamment de M. Pictet[2], qui a montré

1. *Mémoire des savants étrangers*, 1845, t. XVIII (Académie des Sciences).
2. *C. R. de l'Ac. des Sciences*, CXIV, p. 1245.

que, d'une façon générale, au-dessous d'une température qui n'est pas très basse (— 50° à — 100°), il ne se fait plus de combinaison chimique directe.

On peut, en définitive, admettre que, dans tous les cas, la vitesse des réactions même complètes (et *à fortiori* des réactions d'équilibre), n'est jamais infinie ; elle est parfois extrêmement lente, et le plus souvent elle est accélérée par une élévation de température. Mais, de même que l'affinité diminue aux basses températures, de même elle se ralentit également aux températures élevées et cesse complètement, pour la plupart des composés, vers 3000° à la température du four électrique (104). La vitesse des réactions et par suite l'affinité chimique, atteint donc son maximum dans une zone de température assez resserrée qui comprend la température ambiante.

Dans le cas d'une double décomposition de deux corps formant un système homogène qui peut donner lieu à une réaction complète irréversible (par exemple, l'action de l'acide oxalique sur le perchlorure de fer), on constate que, à une température donnée, la vitesse de la réaction va en décroissant à mesure que le mélange s'épuise en corps réagissant, et que, à chaque instant, elle est proportionnelle à la masse active des composants qui subsiste dans le mélange (Berthelot). Ainsi, en appelant p le poids primitif de composants introduits, y le poids déjà détruit au bout du temps t, on a :

$$\frac{dy}{dt} = k(p - y)$$

k étant une fonction de la température ; d'où il vient, en intégrant :

$$\text{Log.}\left(1 - \frac{y}{p}\right) = kt$$

102. Action de la lumière ; photochimie. — La lumière favorise un grand nombre de réactions chimiques dont quelques-unes peuvent être reproduites par la chaleur, mais dont la plupart ne sont pas réalisables sous l'influence de la chaleur seule.

C'est ainsi que l'on peut provoquer par la lumière, comme par la chaleur seule, la combinaison de l'hydrogène avec le chlore; en revanche, la chaleur ne décompose pas les chlorure, bromure et iodure d'argent que la lumière altère rapidement. La chaleur est également incapable de produire la décomposition de l'acide carbonique par l'eau donnant de l'amidon et de l'oxygène, réaction fortement endothermique qui est réalisée spontanément par la matière verte des végétaux (chlorophylle) sous l'influence de la lumière :

$$nCO^2 + nH^2O = (CH^2O)^n + nO^2$$

Comment l'énergie lumineuse se transforme-t-elle ainsi en énergie chimique? Tout ce que l'on peut dire actuellement à cet égard, c'est qu'une fraction minime de l'énergie lumineuse d'un rayon solaire est seule transformée en énergie chimique. On ne peut, bien entendu, tenter cette comparaison dans un phénomène comme l'explosion du mélange $H + Cl$ sous l'influence de la lumière, où un rayon agissant même dans un temps très court peut provoquer la combinaison d'un volume illimité du mélange, celle-ci continuant d'elle-même si l'on supprime le rayon lumineux ; mais on peut faire cette comparaison pour des réactionsqui ne se produisent que pendant l'insolation, s'arrêtent si l'action de la lumière est suspendue, et deviennent plus actives si l'intensité de la lumière augmente, ce qui est le cas de la décomposition de l'acide carbonique par les feuilles des végétaux. Dans de semblables phénomènes, on peut penser qu'il y a équivalence entre l'énergie lumineuse dépensée et l'énergie chimique produite. Or, d'après Pfeffer, 1 mètre carré de feuille de laurier fonrnit, sous l'influence de la lumière, 0 gr. 000537 d'amidon par seconde, dont la chaleur de combustion (représentant la réaction inverse de celle qui se produit dans l'acte de la végétation) dégage 0 cal. 0022. Or, la même surface transformant l'énergie du rayon lumineux en chaleur fournit 0 cal. 3 par seconde en été par les jours les plus clairs : il n'y a donc qu'à peine la centième partie de l'énergie du rayon qui soit utilisée sous forme d'énergie chimique.

Cela tient à ce que, en réalité, il n'y a pour une réaction particulière que les rayons d'une longueur d'onde déterminée qui agissent chimiquement. Ils varient d'une réaction à l'autre : c'est ainsi que l'action chimique des feuilles est favorisée surtout par les rayons rouges et jaunes du spectre solaire, tandis que la décomposition des sels d'argent est surtout active dans la partie violette et ultra-violette invisible du spectre solaire. Dans l'action de l'acide oxalique sur le perchlorure de fer, ce sont les radiations bleues qui sont le plus actives.

Pour comparer l'énergie chimique des différents rayons dans la combinaison du chlore et de l'hydrogène, on peut employer l'appareil imaginé par Bunsen et Roscoë. Il se compose d'une ampoule contenant le mélange $H+Cl$ à volumes égaux, et reliée à un réservoir d'eau : la diminution de volume dans un temps donné sous l'influence d'un rayon de radiation déterminée peut servir à mesurer son énergie chimique.

En faisant tomber un spectre sur des tubes parallèles pleins de ce mélange et reposant sur une cuve à eau dans l'obscurité, on obtient, au bout d'un temps donné, des hauteurs d'eau qui mesurent l'activité chimique d'après le principe de Bunsen et Roscoë (Favre et Silbermann).

On constate d'ailleurs que, après avoir traversé le mélange, le rayon est d'autant plus obscurci que la réaction chimique a été plus vive.

L'action chimique de la lumière suit la loi suivante découverte par Draper en 1842 et vérifiée par Bunsen :

Pour une même réaction chimique produite par la lumière, on obtient des actions égales si le produit de l'intensité lumineuse par la durée d'insolation est la même.

Récemment, M. G. Lemoine [1], en étudiant l'action de la lumière dans la décomposition du perchlorure de fer par l'acide oxalique, est arrivé à cette conclusion, que la vitesse de la réaction sous l'influence de la lumière, suit exactement la même loi que sous l'influence de la chaleur :

$$\frac{dy}{dt} = KS(p - y)$$

en appelant S la valeur de l'intensité moyenne de la lumière traversant la vase où s'effectue la réaction. Il semble donc résulter de ces expériences que les *actions chimiques produites par la lumière et par la chaleur suivent les mêmes lois.*

Les récentes observations de MM. A. et L. Lumière [2] sur les actions photochimiques aux basses températures confirment cette similitude d'action, en montrant que l'action chimique de la lumière est ralentie par le froid, et devient à peu près nulle vers — 200°.

L'une des applications les plus importantes de l'action chimique de la lumière est la *photographie.*

1. *Ann. de chimie et de physique*, 7e série, t. VI, décembre 1895.
2. *C. R. de l'Ac. des Sciences*, t. CXXVIII, p. 359.

C'est Scheele le premier qui, en 1777, a eu l'idée de recevoir un spectre solaire sur une feuille enduite de chlorure d'argent, et d'étudier l'action produite par les différentes radiations ; il a ainsi constaté que ce sont les radiations violettes qui agissent le plus vite sur AgCl pour lui faire perdre du Cl en donnant une matière violette ou brune (peut-être Ag^2Cl), qui traitée par un dissolvant de AgCl, laisse Ag métallique.

La véritable photographie n'a été établie que par Niepce de Saint-Victor et Daguerre par la découverte du *développement* des images produites par la lumière.

En voici le principe : si l'on reçoit une image lumineuse sur une plaque recouverte d'une couche sensible d'un sel d'argent, même pendant un temps très-court insuffisant pour produire une décomposition perceptible du sel d'argent, en traitant ensuite la plaque par un corps réducteur du sel d'argent, c'est aux endroits insolés que la réduction se produit le plus vite, et l'on obtient une image négative où les clairs apparaissent en noir et réciproquement. Niepce de Saint-Victor a même constaté que l'on peut obtenir le même résultat en intervertissant l'ordre des opérations, c'est-à-dire en impressionnant d'abord le révélateur déposé sur la plaque, et en faisant agir ensuite le sel d'argent dans l'obscurité ; l'argent métallique se dépose seulement sur les parties impressionnées par la lumière. Il semble donc que l'*énergie lumineuse* reste emmagasinée dans les points du révélateur impressionnés, et puisse produire ultérieurement l'action chimique. Il y a plus : du papier blanc ordinaire insolé possède la propriété de noircir dans l'obscurité du papier au chlorure d'argent sur lequel on le pose, et cela même après avoir été conservé plusieurs semaines à l'abri de la lumière.

Comme autres actions chimiques intéressantes de la lumière on peut citer :

1° la transformation en soufre insoluble du soufre dissous dans le sulfure de carbone, et la décomposition de l'anhydride sulfureux en soufre et anhydride sulfurique sous l'influence d'un faisceau de lumière condensée ;

2° la transformation du phosphore ordinaire en phosphore rouge dans le vide barométrique ;

3° la décomposition d'un grand nombre de composés métalliques : suroxydation du minium, réduction des sels ferriques en présence des matières organiques, des bichromates mêlés de gomme ou d'albumine, des sels de molybdène, d'urane, etc.

4° l'oxydation des essences (térébenthine), de la résine de gaïac, oxydation (ou transformation allotropique ?) du bitume de Judée utilisée en héliographie, etc.

103. Action de l'électricité. — L'électricité intervient dans les réactions chimiques sous quatre modes principaux :

1° l'action de l'étincelle électrique ;

2° l'action de l'effluve électrique ;

3° l'action de l'arc électrique ;

4° l'électrolyse.

Action de l'étincelle électrique. — Dans la plupart des cas, l'étincelle agit comme source de chaleur à température très élevée pour provoquer les changements d'état de systèmes hors d'équilibre : $H^2 + O$, $CO + O$, $CH^4 + 2O^2$, etc., qui donnent des réactions complètes sous l'action d'une seule étincelle.

Dans certains cas, des réactions qui seraient très incomplètes sous l'action d'une seule étincelle, deviennent complètes sous l'influence d'une série d'étincelles, lorsqu'il peut se produire des corps solides éliminés de la réaction : telles sont les décompositions en leurs éléments des gaz composés SiH^4, PH^3, $(CAz)^2$, etc., qui ne sont décomposés que d'une façon imperceptible par une seule étincelle.

Lorsque les produits de la réaction d'un mélange gazeux, sont eux-mêmes gazeux et décomposables par la chaleur à une température qui ne soit pas trop élevée, la réaction produite par une série d'étincelles est limitée, et réciproquement la décomposition de ces produits par les étincelles électriques s'arrête à une certaine limite : telles sont les actions limitées de l'hydrogène sur l'acétylène et l'azote, de l'azote sur l'acétylène et l'oxygène, la décomposition de l'ammoniac, etc.

Action de l'effluve électrique. — L'action de l'effluve, comme celle de l'étincelle, tend à résoudre les gaz composés en leurs éléments, ou inversement : elle est particulièrement active pour provoquer des transformations allotropiques (transformation de l'oxygène en ozone), la combinaison de l'azote avec l'hydrogène ainsi qu'avec les hydrates de carbones, tels que la cellulose. Cette dernière action explique la fixation de l'azote par les feuilles des végétaux sous l'influence de l'électricité atmosphérique (Berthelot).

104. Action de l'arc électrique. — L'arc agit comme une étincelle électrique de grandes dimensions, ou comme source calorifique : c'est surtout sous cette seconde forme qu'il est utilisé. L'énorme température que développe l'arc (3500° environ, ce qui paraît être la température de volatisation du carbone) permet en effet de réaliser un grand nombre de réactions chimiques que ne peuvent donner les foyers ordinaires dont la température est limitée à 1500°. Des composés à formation endothermique comme l'acétylène s'y forment directement par combinaison de $C^2 + H^2$; tous les oxydes, sulfures, etc., y paraissent dissociés, et les seuls composés stables résistant à ces hautes températures sont les carbures, borures, siliciures et azotures métalliques.

Le four électrique de M. Moissan (fig. 35) composé de deux briques en chaux ou en calcaire avec cavités centrales ménagées pour le passage des électrodes et l'emplacement d'un creuset en graphite, a permis grâce à la très faible conductibilité de la chaux pour la chaleur, de concentrer la haute température de l'arc sans déperdition sur des quantités importantes de matières réagissantes, et d'obtenir, soit à l'état de carbures définis, soit à l'état de métal pur (en affinant le carbure au moyen de l'oxyde), la plupart des métaux réfractaires : tungstène, chrome, manganèse, vanadium, titane,

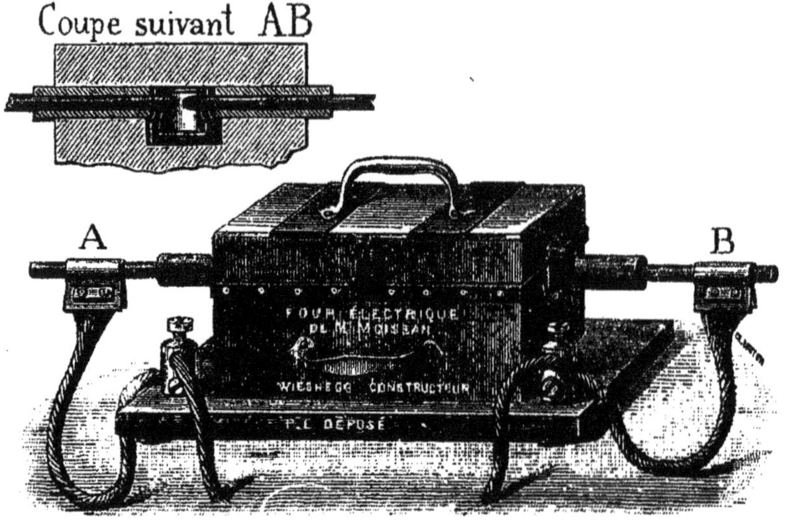

Fig. 35.

uranium, molybdène, les carbures alcalino-terreux, le diamant en cristaux microscopiques, le siliciure de carbone (carborundum), etc.

Un grand avenir paraît réservé à ces découvertes de date encore récente ; déjà le phosphore, le carbure de calcium, le carborundum s'obtiennent en grand au four électrique.

105. Electrolyse ; loi de Faraday. — L'électricité peut enfin agir sous forme de courant voltaïque et donner naissance aux phénomènes d'électrolyse.

Une baguette de zinc pur n'est pas attaquée par l'acide sulfurique dilué pas plus qu'une tige de platine : si l'on plonge ensemble les deux tiges dans l'acide, et qu'on réunisse les extrémités supérieures par un fil métallique, le zinc se dissout et de l'hydrogène apparait à la surface du platine.

Le fil a acquis des propriétés particulières : il fait dévier une aiguille aimantée ; si on le coupe et qu'on place les deux bouts sur un papier de tournesol imprégné d'une solution de sulfate de soude (fig. 36), il se produit du côté zinc une tache bleue, du côté platine une tache rouge : de plus le fil s'échauffe. L'énergie chimique s'est donc transformée en un autre mode d'énergie capable de se transporter par l'intermédiaire des métaux ou des solutions salines, et de fournir des effets thermiques, chimiques, mécaniques, etc.

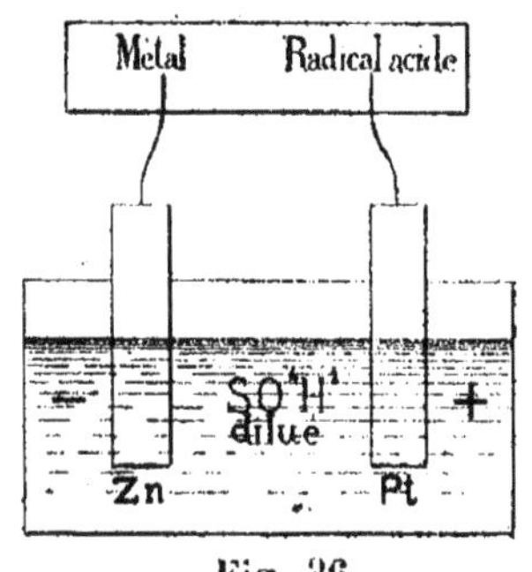

Fig. 36.

Si l'on enlève le fil, on constate que le zinc et le platine sont chargés de quantités d'électricité égales et de signe contraire (négative dans le zinc, positive dans le platine). Or, comme on sait que des charges de signe contraire se neutralisent, il faut en conclure que les charges se sont constamment neutralisées dans le circuit en formant un *courant électrique*, permettant de transformer en énergies mécanique, calorifique, etc., la partie de la chaleur dégagée par la dissolution du zinc dans l'acide, qui correspond à la chaleur non compensée de Clausius.

Les corps susceptibles de produire un courant électrique quand ils servent à relier le zinc et le platine, sont dits *conducteurs*. Les corps conducteurs se divisent en deux classes :

1° ceux qui, traversés par un courant électrique, s'échauffent conformément à la loi de Joule [1], et n'éprouvent pas

1. L'énergie électrique peut être considérée comme un produit de deux facteurs dont le premier se nomme *masse électrique*, *intensité*, *débit* ou *densité* et l'autre *potentiel*, *tension* ou *force électro-motrice*.

On appelle intensité I du courant la masse électrique qui, dans un courant électrique, traverse en une seconde la section du conducteur, et E la tension entre deux points du conducteur ; l'énergie ou puissance W correspondant à ce mouvement électrique sera par définition égale à EI, d'où :

$$W = EI$$

La résistance R d'un conducteur se définit par :

d'autre changement matériel : tels sont les métaux et les alliages métalliques ;

2° ceux qui ne laissent passer le courant électrique qu'en subissant une transformation chimique. Cette seconde classe comprend les sels métalliques dissous ou fondus, et les solutions aqueuses des acides et des bases : on les appelle *électrolytes*.

Dans les électrolytes, le mouvement de l'électricité se produit de telle façon que les métaux (ou les radicaux métalliques) des sels et des bases, ainsi que l'hydrogène des acides, se déplacent du côté positif du circuit vers le côté négatif ; les radicaux acides ou les éléments correspondants, tels que le chlore, le brome, l'iode, ainsi que l'hydroxyle des corps basiques, se transportent en sens inverse. Aux endroits où les électrolytes touchent aux électrodes (extrémités des baguettes de zinc et de platine ou des conducteurs qui leur sont reliés), ces parties ou *ions* sont mises en liberté. On appelle positifs ou *cathions*, les ions qui se portent au pôle négatif ou *anode*, et négatifs ou *anions* ceux qui se portent au pôle positif ou *cathode*.

Faraday a découvert en 1833 une loi capitale concernant les décompositions électrolytiques et qui peut être formulée ainsi :

Loi de Faraday. — Des masses égales d'électricité, passant

$$R = \frac{E}{I}$$

d'où :

$$W = I^2R$$

Avec l'intensité ainsi définie, la loi de Joule s'exprime de la manière suivante :

La quantité de chaleur développée par le passage de l'électricité dans un conducteur est, pour une même résistance, proportionnelle au carré de l'intensité I.

Les unités pratiques de mesure sont : le *volt* pour la force électromotrice E, l'*ampère* pour l'intensité, l'*ohm* pour la résistance, le *watt* ou *volt-ampère* pour la puissance d'un courant. Nous renvoyons aux traités spéciaux d'électricité pour la définition de ces unités (Cf. *Annuaire du Bureau des Longitudes*, 1899 : « *Unités électriques usitées dans les applications de l'Electricité* », par A. Cornu).

à travers des électrolytes différents, déplacent des quantités des différents ions proportionnelles à leurs équivalents chimiques.

En disposant en effet des électrolytes différents sur le parcours d'un même circuit électrique (dans lequel d'après les lois de l'électricité, des masses électriques égales passent dans des temps égaux par chaque section) les masses des métaux ou de l'hydrogène, ainsi que celles des radicaux acides (ou du chlore, etc.), mis en liberté, sont proportionnelles aux équivalents en poids de ces corps.

On exprime ce résultat en disant que dans le circuit tous les ions ont transporté la même quantité d'électricité.

Un même ion peut, suivant les cas, transporter des masses électriques multiples les unes des autres, à peu près comme un même atome peut avoir des valences différentes. C'est ainsi que si, dans le même circuit, on électrolyse de l'eau, du chlorure cuivrique dissous, et du chlorure cuivreux fondu, on constate que pour 1 gramme d'hydrogène dégagé dans l'eau, il se dépose 31 gr. 65 de cuivre dans le chlorure cuivrique et 63 gr. 3 dans le chlorure cuivreux; de même, la quantité d'électricité qui met en liberté 200 grammes de mercure dans l'azotate mercureux $(AzO^3)^2Hg^2$, n'en libère que 100 grammes dans l'azote mercurique $(AzO^3)^2Hg$: il existe donc des ions électriques monovalents, bivalents, etc. L'*équivalent électrochimique* d'un élément est le quotient de son poids atomique par sa valence chimique dans l'électrolyte considéré : ainsi la quantité d'aluminium par exemple électrochimiquement équivalente à 1 gramme d'hydrogène est égale à $\frac{27,3}{3}$, etc.

On constate que l'électricité se meut dans les électrolytes avec la même facilité que dans les conducteurs métalliques, et l'on en conclut que les ions doivent être à l'état libre dans les solutions : c'est aussi la conclusion à laquelle on arrive en envisageant la pression osmotique des solutions salines (hypothèse d'Arrhénius, corroborée par la mesure de la conductibilité électrique des solutions).

D'après Arrhénius, un électrolyte n'est décomposé par un courant électrique que parce que les molécules y sont préalablement dissociées en leurs ions : le courant ne sépare donc pas les ions, il ne fait que les transporter aux deux pôles, et si le courant passe, c'est que les ions étaient primitivement séparés.

Il ne s'en suit pas cependant qu'on puisse pratiquement décomposer un électrolyte quelconque avec un courant d'une intensité quelconque ; la réaction chimique ne commence que lorsque l'électricité atteint une force électromotrice déterminée dans le circuit produit par la pile ou par une machine à courant continu. On peut admettre approximativement que pour électrolyser un composé donné, il faut employer en pratique une force électromotrice proportionnelle à la chaleur consommée par la formation inverse du composé (Berthelot), et que [avec des restrictions du même ordre que pour l'application du principe du travail maximum (44)], la force électromotrice des piles est en rapport avec la chaleur dégagée dans les réactions chimiques qui s'y produisent. Ainsi dans un élément Daniel, où la chaleur dégagée par la réaction $SO^4Cu + Zn = SO^4Zn + Cu$ est de 50 cal. 130, la force électromotrice est de 1 volt ; tandis que dans une pile au bichromate (action du zinc sur l'acide chromique en présence de l'acide sulfurique donnant du sulfate de zinc, de l'eau et du sulfate de sesquioxyde de chrome) où la chaleur dégagee est de 99 cal. 760, la force électromotrice est de 1 volt, 99.

En outre de la force électromotrice du courant, l'intensité ou *densité* de celui-ci a une importance considérable sur les résultats de l'électrolyse. Pour certaines électrolyses il ne faut pas dépasser une limite, souvent assez faible, pour la densité du courant : dans la galvanoplastie, la limite de densité ne doit pas excéder 4 ampères par décimètre carré d'électrode pour un bon dépôt de cuivre, et 1,5 ampère pour le nickel. Au contraire, il faut des courants extrêmement denses pour obtenir par exemple l'acide persulfurique dans la décomposition électrolytique du sulfate acide d'ammoniaque (500 a. par décimètre carré d'électrode), le manganèse métallique dans l'électrolyse d'une solution aqueuse concentrée de chlorure, etc.

Dans les décompositions électrolytiques, il se produit fréquemment des *actions secondaires*, par réaction mutuelle du liquide et des produits de sa décomposition. Ainsi, dans l'électrolyse du chlorure de potassium, il se dégage bien du chlore au pôle positif, mais on ne voit pas apparaître de métal au pôle négatif, où se dégagent seulement des bulles d'hydrogène, la liqueur devenant alcaline autour de ce pôle : ce phénomène est dû à l'action du potassium sur l'eau de la solution ($H^2O + K = H + KOH$) au fur et à mesure de sa production. Si l'on soustrait le potassium à l'action de l'eau (par exemple en plaçant du mercure à l'anode, où le potassium se dissout) on l'obtient à l'état métallique, sans production d'hydrogène.

Quand on électrolyse de l'acétate de plomb, il se produit au pôle positif non pas de l'oxygène avec de l'acide acétique, mais du bioxyde de plomb dû à l'action de l'oxygène naissant sur le sel en dissolution : cette action secondaire est le principe des *accumulateurs*.

Les applications de l'électrolyse sont innombrables : outre la galvanoplastie, déjà connue depuis longtemps, l'électrolyse est utilisée depuis quelques années pour la préparation en grand des produits chimiques : soude, chlore, chlorate de potasse, persulfates, etc., et des métaux : métaux alcalins, magnésium, aluminium, cuivre, or, etc. L'*électrochimie* et l'*électrométallurgie* sont devenues et deviendront de plus en plus le principe de procédés industriels, d'autant plus économiques qu'elles permettent l'utilisation des forces naturelles, chutes d'eau, puissance du vent et des marées, etc , comme source d'énergie.

CHAPITRE XII

PHÉNOMÈNES DE FERMENTATION

106. Différents modes d'action des ferments. — Les *ferments*, capables de produire des combinaisons ou décompositions comme de véritables réactifs chimiques, s'en distinguent en ce qu'ils sont constitués soit par des organismes vivants et susceptibles de se développer, soit par des liquides dépourvus d'organismes, mais élaborés par des êtres vivants.

On appelait à l'origine *fermentation* tout phénomène où l'on voyait une masse liquide ou pâteuse contenant des substances organiques se soulever, se boursoufler en dégageant un gaz, sans cause apparente. C'est ainsi que le jus du raisin ou *moût*, limpide, ne tarde pas à se troubler quand on l'abandonne à lui-même dans une atmosphère tiède, en dégageant des bulles d'acide carbonique qui deviennent de plus en plus abondantes et forment une mousse épaisse à la surface. Le liquide paraît entrer en ébullition, et au bout de quelque temps tout le sucre qu'il contenait a disparu, le liquide ne renfermant plus que de l'alcool ordinaire avec un peu de glycérine, d'acide succinique, etc. En même temps, il s'est produit un dépôt boueux plus ou moins considérable d'une matière jaunâtre appelée *levure*, formée de petits organismes qui, vus au microscope, présentent l'aspect de globules transparents, associés en forme de rameaux et se multipliant par bourgeonnement à la façon des plantes (fig. 37 *a*, page 238 où ces globules sont représentés avec un grossissement de 750 diamètres).

De même, la pâte de farine additionnée de levure de bière se boursoufle peu à peu sous l'influence de la chaleur ; c'est de cette ébullition qu'est dérivé le nom de *fermentation* (du latin *fervere*, bouillir).

On observa ensuite des transformations chimiques d'un autre genre où des corps se modifient spontanément, mais sans production de gaz, et par extension on leur a donné le nom de fermentations : telle est la transformation de l'amidon $C^{12}H^{20}O^{10}$ en son isomère la dextrine, et de la dextrine en maltose $C^{12}H^{22}O^{11}$ par fixation d'une molécule d'eau, sous l'influence d'une petite quantité de *diastase*, corps soluble de composition analogue à l'albumine, dérivé de l'orge germé. Il semble qu'entre ces deux catégories de fermentation, il existe une différence fondamentale. Dans les premières, dont le type est la fermentation alcoolique du sucre de raisin, l'agent transformateur est une cellule organisée qui se multiplie au milieu du liquide au fur et à mesure que l'alcool se produit ; au contraire, dans la transformation de l'amidon en dextrine, le ferment soluble, la diastase, ne se développe pas. Il paraît dès lors naturel de distinguer deux catégories de fermentations : les fermentations proprement dites dues à des organismes vivants *microscopiques* ou *microorganismes* qui croissent en transformant la matière fermentescible, et les fermentations dues aux *diastases* ou *enzymes* (ἐν, dans, ζύμη, le vain), dont le poids ne varie pas quelle que soit la quantité de matière transformée, leur action se rapprochant davantage de celle des réactifs chimiques ordinaires, l'acide sulfurique, par exemple, dont une faible quantité opère de même la transformation de l'amidon en dextrine puis en glucose.

Mais les découvertes successives faites sur le fonctionnement des ferments organisés, notamment de la levure dans la fermentation alcoolique du sucre, tendent à ramener toutes les fermentations à des actions purement chimiques, le développement biologique de l'organisme vivant ayant pour seul effet de créer aux dépens de la matière fermentescible des réactifs solubles capables à eux seuls d'opérer toute les transformations de celle-ci. C'est le mécanisme de la fermentation alcoolique, connu aujourd'hui d'une façon presque complète, qui permet le mieux actuellement de saisir le mode d'action des ferments : il convient donc de l'étudier tout d'abord en détail.

107. Mécanisme de la fermentation alcoolique[1]. — C'est Lavoisier le premier qui entreprit d'une façon méthodique, balance en main, l'étude de la fermentation vineuse et conclut que le sucre se dédouble intégralement en alcool et acide carbonique, ce qu'il exprima en posant l'équation :

Moût de raisin = acide carbonique + alcool.

L'étude de la fermentation alcoolique du sucre ordinaire, poursuivie par Gay-Lussac et Thenard, fit reconnaître que les éléments de l'eau sont nécessaires pour expliquer le dédoublement établi par Lavoisier, et l'équation de la fermentation devint :

$$\underset{\text{sucre ordinaire}}{C^{12}H^{22}O^{11}} + H^2O = \underset{\text{alcool}}{4C^2H^6O} + \underset{\text{acide carbonique}}{4CO^2}$$

Jusque-là, on s'était borné à envisager le côté chimique de la réaction sans en élucider la cause ; en 1835 Cagniard-Latour étudie la levure et reconnaît qu'elle est formée d'un amas de globules susceptibles de se reproduire par bourgeonnement.

En 1856, Pasteur entreprend de nouvelles recherches sur la fermentation du sucre. Il montre que, en présence de la

1. Cf. *Le mécanisme de la fermentation alcoolique et les expériences de Buchner*, par G. Bertrand (*Revue générale des Sciences*, 1898, p. 907).

levure de bière fraîche, le sucre ordinaire se décompose en donnant non seulement de l'alcool et de l'acide carbonique, mais encore de la glycérine et de l'acide succinique, ainsi que de la cellulose et des matières grasses se fixant sur la levure qui prend naissance pendant la fermentation. Pour 9 gr. 098 de sucre candi $C^{12}H^{22}O^{11}$, correspondant à 10 gr. 524 de glucose, il obtient :

Alcool absolu	5gr100
Acide carbonique	4 911
Glycérine	0 340
A. succinique	0 065
Cellulose et matières grasses	0 130
	10gr546

Pour bien montrer que la fermentation et le développement des globules de levure ne peuvent être attribués à une matière organique en voie de décomposition, Pasteur opère de la façon suivante. Il remplit complètement une fiole avec 200 gr. d'eau distillé, contenant 10 gr. de sucre candi et des traces de levure fraîche de la grosseur d'une tête d'épingle à l'état humide, enfin 0 gr. 1 de tartrate d'ammoniaque et les cendres de 15 gr. de levure calcinée, pour fournir à la levure fraîche les sels minéraux et l'azote dont elle a besoin pour se développer. Puis il adapte un tube de dégagement plongeant dans l'eau. Au bout de 24 heures, la liqueur commence à dégager de l'acide carbonique et à se troubler. Pendant les jours suivants, le trouble augmente et le fond du vase se recouvre d'un dépôt offrant au microscope l'aspect d'une belle levure bien ramifiée, au milieu de laquelle les globules de la levure primitive se distinguent par leur enveloppe épaisse et leur contenu granuleux (fig. 37 *b*). Au bout d'un mois, il a disparu 4 gr. 5 de sucre, 0 gr. 0062 d'ammoniaque et il s'est formé 0 gr. 043 de levure, c'est-à-dire un poids beaucoup plus considérable que le poids de levure initiale. Celle-ci s'est donc développée en empruntant au sucre son carbone pour former l'enveloppe cellulosique des globules, à l'ammoniaque l'azote, pour produire le suc transparent de nature albuminoïde qu'elle contient, et pendant ces évolutions elle a déterminé la décomposition du sucre en alcool et acide carbonique.

Pasteur constate de plus que la transformation du sucre en alcool est d'autant plus active que la levure est mieux isolée de l'air, car elle emprunte alors tout son oxygène au sucre, tandis qu'au contact de l'air elle se développe aussi bien, mieux même en absorbant surtout l'oxygène de celui-ci, mais sans jouer alors le rôle de ferment. La fermentation alcoolique est donc corrélative de la vie de la levure, sans oxygène libre, et le poids du sucre décomposé est en relation non pas avec le poids de levure employée, mais avec celui de la levure qui s'est organisée pendant la fermentation.

Il était donc établi par Pasteur que la levure est la cause de la fermentation alcoolique ; restait à découvrir le mode d'action de cet organisme sur le sucre. En étudiant minutieusement l'effet initial de la levure sur le sucre ordinaire, Dubrunfaut constate que celui-ci ne fermente pas tout d'abord, mais fixe simplement une molécule d'eau et se change en un mélange de glucose et de lévulose (ou sucre interverti)[1] :

$$\underset{\text{sucre de canne}}{C^{12}H^{22}O^{11}} + H^2O = \underset{\text{glucose}}{C^6H^{12}O^6} + \underset{\text{lévulose}}{C^6H^{12}O^6}$$

Alors seulement le glucose et le lévulose qui, eux, sont directement fermentescibles, se dédoublent en acide carbonique et alcool. M. Berthelot prouve ensuite que l'hydratation du sucre est produite par une diastase, la *sucrase*, sécrétée par la levure et que l'on peut séparer de celle-ci par filtration et précipitation par l'alcool. Enfin, en 1897 et 1898, le chimiste Edouard Büchner[2] de Münich est parvenu à isoler des glo-

1. Le sucre de canne ou sucre ordinaire dévie à droite le plan de polarisation de la lumière (22) ; le glucose le dévie à droite, le lévulose à gauche et plus, en valeur absolue, que le glucose : leur mélange à molécules égales, provenant du sucre de canne, dévie donc à gauche le plan de polarisation de la lumière, et l'on dit que le sucre a été *interverti*.

2. *Berichte der deutschen Gesellschaft.*

bules de levure le liquide albumineux qu'ils renferment et qui, complètement dépouillé de débris de cellules, est susceptible de produire par lui-même la fermentation alcoolique du glucose. Pour isoler ce ferment soluble qu'il a appelé *zymase*, il prend de la levure de bière desséchée le plus possible par compression, qu'il mélange ensuite avec du sable et de la terre d'infusoire et soumet à un broyage énergique : les globules sont déchirés par les matières solides ajoutées et l'on soumet le tout à une pression de plusieurs centaines d'atmosphères. Il s'écoule alors un liquide épais qui, débarrassé de tout organisme par filtration à travers une bougie de porcelaine, détermine en quelques minutes dans une solution de sucre même concentrée, un dégagement d'acide carbonique avec production d'alcool, conformément à l'équation de Gay-Lussac. Desséchée dans le vide, cette liqueur donne une poudre jaunâtre qui, dissoute dans l'eau, fournit un liquide trouble dédoublant le sucre presque instantanément en acide carbonique et alcool.

Il est ainsi prouvé que sans l'intervention de la cellule vivante, et sous la seule influence des sucs qu'elle secrète ou renferme, la transformation du sucre en acide carbonique et alcool se produit, mais on ignore encore quel est le mode d'action de la zymase sur le glucose, analogue, mais en sens inverse, à celle de la chlorophylle sur l'acide carbonique en présence de l'eau (**102**). Il est donc probable que, au point de vue du mécanisme des fermentations, il n'y a pas de différence à faire entre les fermentations dues aux diastases et les fermentations dues aux organismes vivants ; mais il est cependant nécessaire de faire cette distinction dans l'exposé des réactions chimiques auxquelles donnent lieu les fermentations, puisque ce n'est que pour un très petit nombre que l'on peut remplacer intégralement l'organisme vivant par les diastases qu'il élabore.

108. Diastases et fermentations qu'elles produi-

sent. — Les ferments solubles appelés *diastases* ou *enzymes* se rencontrent dans certains tissus et sécrétions d'animal (diastase du foie, pepsine des sucs gastriques, suc pancréatique), dans les sucs des végétaux (diastase de l'orge germée, émulsine contenue dans le suc des amandes amères, oxydases renfermées dans les fruits, etc.), enfin dans les sécrétions de germes organisés (sucrase de la levure, diastase du microbe de l'urine, toxines nombreuses sécrétées par les microbes pathogènes, etc.).

Au point de vue chimique, toutes les diastases ont une composition à peu près identique qui se rapproche de celle des matières albuminoïdes ; la diastase de l'orge germée ou amylase a pour composition centésimale :

Carbone	46,66
Hydrogène	7,35
Azote	10,42
Oxygène	34,45
Soufre	1,12
Total	100,00

Il est difficile de les obtenir pures : on peut profiter pour cela de la propriété qu'elles ont d'être entraînées par certains précipités, le phosphate de chaux par exemple, d'où on les retire ensuite par lavage sur filtre. On ne peut les distinguer que par les actions chimiques qu'elles sont susceptibles de produire sur des composés déterminés, et que l'on peut classer en actions hydratantes, actions oxydantes et dédoublements.

Actions hydratantes des diastases ou hydrolyse. — Ce sont les plus anciennement connues ; on peut en citer comme exemples :

1° La transformation de l'amidon en dextrine et de la dextrine en maltose sous l'influence de la diastase de l'orge germé ou amylase :

$$\underset{\text{amidon}}{C^{12}H^{20}O^{10}} + H^2O = \underset{\text{maltose}}{C^{12}H^{22}O^{11}}$$

L'action, lente à froid, est rapide à chaud ; un gramme d'amylase peut ainsi saccharifier un kilogramme d'amidon. La transformation n'est d'ailleurs pas complète, et à 63°, qui est la température où elle s'effectue le mieux, elle atteint seulement 60 0/0 du poids de l'amidon.

2° Hydratation du sucre de canne, sous l'influence du suc sécrété par la levure de bière *(invertine* ou *sucrase)*.

Ainsi que nous l'avons vu plus haut, la première action de la levure de bière sur le sucre ordinaire est de le transformer par hydratation en un mélange à molécules égales de glucose et de lévulose, ou sucre interverti. Cette hydratation se fait sous l'influence d'une diastase sécrétée par la levure, et qui peut intervertir jusqu'à 100 fois son poids de sucre, son action s'arrêtant là.

3° Saponification des corps gras par le suc pancréatique, de l'amygdaline des amandes amères par l'émulsine, action de la pepsine de l'estomac sur les matières albuminoïdes (fibrine, caséine, albumine coagulée etc.) qu'elle liquéfie vers 35° en présence d'un peu d'acide chlorhydrique libre, en les transformant par hydratation en une matière assimilable, la peptone.

4° Transformation de l'urée en carbonate d'ammoniaque sous l'influence d'une diastase sécrétée par un microbe se développant dans les urines (*micrococcus ureæ*) :

$$\underset{\text{urée}}{CO(AzH^2)^2} + 2H^2O = CO^3(AzH^4)^2$$

Les actions hydratantes des diastases sont souvent limitées, et l'on a pu constater dans certains cas, qu'elles le sont par la réaction inverse.

C'est ainsi que le maltose est transformé par hydratation en glucose, mais d'une façon partielle, sous l'action d'une diastase (maltase) conformément à la réaction :

$$\underset{\text{maltose}}{C^{12}H^{22}O^{11}} + H^2O = 2\ \underset{\text{glucose}}{C^6H^{12}O^6}$$

Inversement, ainsi qu'il résulte des recherches de M. Hill [1], le glucose est

1. Cf. *La Réversibilité de la Zymohydrolyse* par L. Maquenne, *Revue générale des sciences*, 1898, p. 925.

transformé partiellement en maltose sous l'influence de la même diastase, et l'on arrive au même équilibre avec des solutions de maltose ou de glucose d'égale concentration.

Il semble donc qu'il y ait analogie complète tant au point de vue de l'action chimique que de la réversibilité de cette action, entre les phénomènes d'hydrolyse dus aux diastases et les phénomènes d'hydrolyse des doubles décompositions salines : il est probable que si dans beaucoup de cas on ne peut mettre en évidence cette réversibilité, cela tient à ce que les réactions inverses ne pourraient être obtenues qu'avec des concentrations que l'on ne peut atteindre pratiquement.

Actions oxydantes des diastases : oxydases. — Les oxydases, entrevues en 1883 par le savant japonais Yoshida et étudiées depuis par M. G. Bertrand [1], se rencontrent dans le suc d'un grand nombre de plantes vertes et de fruits : arbre à laque ou *latex*, betteraves, pommes à cidre, pommes de terre, raisins, champignons, etc., ainsi que dans les liquides de l'économie, et notamment dans le sang.

Leur action consiste à fixer l'oxygène de l'air sur des matières organiques pour donner de l'eau ou de l'acide carbonique ; c'est ainsi que sous l'influence de la *laccase* du latex (qui transforme le *laccol* de cet arbre en vernis noir insoluble et à peu près inaltérable, constituant la laque des Chinois et des Japonais), l'hydroquinone est transformée en quinone par fixation d'oxygène et élimination d'eau :

$$\underset{\text{hydroquinone}}{C^6H^6O^2} + O = \underset{\text{quinone}}{C^6H^4O^2} + H^2O$$

De même, la laccase fixe l'oxygène de l'air sur le pyrogallol, avec dégagement d'acide carbonique et formation de purpurogalline. Ce sont ces ferments qui produisent le vieillissement du vin, la coloration à l'air d'un grand nombre de corps organiques (champignons, cidre, etc.) ; ils jouent probablement un rôle considérable dans la respiration.

Ces oxydases sont unies à des traces de manganèse ; les

1. G. Bertrand, *Les Oxydases ou ferments solubles oxydants* (*Revue Scientifique*, 17 juillet 1897).

cendres de laccase en contiennent jusqu'à 2 0/0. Pensant que ce métal joue un rôle dans l'action oxydante des laccases, M. G. Bertrand a essayé sur l'hydroquinone l'action d'un sel instable de manganèse, le gluconate de manganèse, et vérifié que ce sel oxyde l'hydroquinone exactement comme le suc de l'arbre à laque : il n'est donc pas téméraire d'espérer que l'on pourra réaliser la synthèse de réactifs équivalents, ou peut être même identiques, aux diastases [1].

Actions dédoublantes des diastases : alcoolases. — Le seul exemple connu jusqu'à ce jour est le dédoublement du glucose en acide carbonique et alcool par la zymase de Büchner : il est probable que la poursuite de ces recherches permettra de retirer d'autres levures de nouvelles *alcootases*, ou diastases susceptibles de dédoubler le sucre en alcool et acide carbonique, ainsi que celles qui produisent la glycérine et l'acide succinique se formant en même temps.

109. Ferments organisés, et fermentations microbiennes. — Les expériences de Pasteur et de son école ont aujourd'hui pleinement démontré que les substances fermentescibles ne fermentent pas d'elles-mêmes, en engendrant spontanément les germes dont le développement entraîne leur décomposition : ces germes proviennent des poussières de l'air qui, en rencontrant des liquides favorables à leur germination, y prospèrent comme une graine tombée dans la terre végétale, et engendrent des organismes rudimentaires, désignés sous le nom de *microbes*, dont le développement biologique est corrélatif de la destruction du milieu dans lequel ils se développent.

Si l'on recueille les poussières en suspension dans l'atmosphère, en faisant passer un courant d'air dans un tube de verre contenant une bourre de coton nitrique soluble dans l'éther, on peut, après avoir dissous cette bourre, étudier au microscope les poussières déposées. On y constate la pré-

1. H. Roux, *Histoire Biologique de la Levure*, Ibidem, 31 décembre 1898.

sence de germes, dont on peut suivre le développement dans des milieux convenables en même temps que la fermentation de ces milieux se poursuit.

Ces germes se déposent sur tous les corps, et il est facile de constater par exemple que la pellicule des grains de raisin en est imprégnée : il suffit de tremper une grappe dans un verre d'eau, de l'y remuer quelques instants, puis de laisser reposer l'eau, pour observer un dépôt de germes qui, placés dans un liquide sucré, produisent la fermentation alcoolique en engendrant des ramifications de levure. Inversement, le jus de raisin soutiré de l'intérieur de la graine par une pipette capillaire et abandonné au contact d'air dépouillé de ses germes n'entre pas en fermentation.

Pour démontrer d'une façon irréfutable que les germes des fermentations proviennent de l'air, Pasteur place des liquides rapidement fermentescibles : eau sucrée, bouillon, infusion de foin, de feuilles, urine, moût de bière, etc., dans un ballon dont le col a été effilé et recourbé en S. On fait bouillir le liquide pour expulser l'air du ballon et l'on chauffe les parois de celui-ci avec une lampe à alcool pour brûler toutes les poussières qui s'y sont déposées : puis on laisse rentrer l'air très lentement, de façon que les poussières se déposent à l'entrée du tube effilé et ne puissent jamais arriver au contact des liquides. Ceux-ci se conservent ainsi sans altération pendant des années ; vient-on à casser le col du ballon, le liquide fermente au bout de peu de temps.

Bien que l'air renferme à peu près tous les germes possibles, il est à remarquer qu'en général une seule fermentation se développe dans un liquide contenant des matières organiques fermentescibles, et exposé à l'air : cela tient à ce que les germes ont besoin pour se développer, non seulement d'une température convenable, mais encore d'éléments appropriés. Par de nombreuses expériences comparatives, en employant successivement des liquides de composition variée, on détermine le *milieu* favori pour chaque microbe, et, comme l'a montré Pasteur, en mettant à profit l'inégale facilité de développement des divers microbes dans des milieux différents, on arrive à isoler des espèces pures. On utilise pour cela différents procédés :

1° inégale résistance des microbes à l'action de la chaleur ;

2° influence de l'oxygène qui détruit certains microbes et au contraire en développe certains autres : les microbes se classent ainsi en *aérobies* ou vivant à l'air, et *anaérobies*, ou ne vivant pas dans l'air ;

3° inégale résistance des microbes à des réactifs appropriés.

L'espèce qui se trouvera dans des conditions particulièrement favorables prospèrera et finira par arrêter le développement des autres. Le rapport entre le nombre des cellules de chaque espèce après la culture ne sera plus le même après qu'avant, et si l'on répète plusieurs fois la culture en ensemençant du liquide frais chaque fois avec une trace du liquide de la précédente culture, on parviendra à développer surtout l'un des microbes au détriment de tous les autres qui finiront par disparaître : tel est le principe de la méthode des *cultures successives* de Pasteur pour obtenir des espèces pures de microbes déterminés. Ces cultures peuvent aussi se faire dans ou sur de la gélatine qui constitue un milieu solide favorable au développement des microbes tout en les empêchant de se mélanger, et l'on obtient ainsi des espèces encore plus pures qu'avec les cultures dans les liquides.

Pasteur a remarqué qu'en espaçant de plus en plus les ensemencements successifs pour les cultures faites au contact de l'air, les microbes *aérobies* subissent une modification dans leurs fonctions physiologiques ; s'ils sont pathogènes, la virulence de l'espèce s'amoindrit, et tel microbe qui était foudroyant au début de la culture cesse d'être un agent mortel au bout de quelques mois, l'appauvrissement du milieu en éléments nutritifs et son enrichissement en diastases ou *toxines* sécrétées par le microbe lui-même entravant son développement. Inoculé à cet état, il rend les animaux légèrement malades, mais ceux-ci se rétablissent et sont devenus réfractaires aux atteintes du microbe primitif très virulent : tel est le principe des *vaccins* de la rage, du charbon, etc. On peut également rendre réfractaires les animaux à certains microbes pathogènes, par l'inoculation non plus du microbe atténué, mais de la toxine qu'il sécrète et qui rend le milieu impropre à son développement (sérumthérapie de la diphtérie, etc.).

110. Propriétés et classification des ferments organisés. — Le froid suspend l'action des microbes, mais ne les détruit pas ; la chaleur ne les détruit définitivement que vers 115° en présence de l'eau ou vers 200° à sec. On peut donc *stériliser* un milieu humide par chauffage en vase clos sous pression : c'est là le principe des conserves alimentaires. On peut également détruire les microbes par les *antiseptiques* : acide phénique, créosote, alcool, chlorure mercurique, etc. Les anesthésiques, comme le chloroforme, suspendent simplement leurs fonctions.

La pression n'influe pas sur les microbes.

La lumière est un agent destructeur très actif pour un grand nombre d'espèces.

Les ferments organisés sont *unicellulaires*, c'est-à-dire que chaque cellule constitue un individu viable et susceptible de se reproduire. On peut les diviser d'après leur mode de reproduction en :

1° *levures* ou saccharomycètes (champignons du sucre) ;

2° et *bactéries*.

Les levures sont des champignons rudimentaires se développant d'habitude par bourgeonnement et se rapprochant par suite des végétaux : les moisissures, champignons plus parfaits qui se développent facilement à la surface des jus sucrés et ne sont pas des ferments proprement dits, forment la transition entre les levures et les végétaux supérieurs.

Les cellules des levures sont de formes très variables, plus ou moins elliptiques ou sphériques suivant les espèces, qui en sont nombreuses. Ces cellules sont constituées par une enveloppe mince et élastique, incolore, formée d'une matière cellulosique, remplie par une matière albuminoïde incolore, transparente chez les jeunes cellules (fig. 37 *a* levure fraîche), remplie de petites granulations amorphes chez les cellules adultes et surtout vieilles (fig. 37 *b* levure ancienne) ; elles renferment en outre une petite quantité de sels minéraux

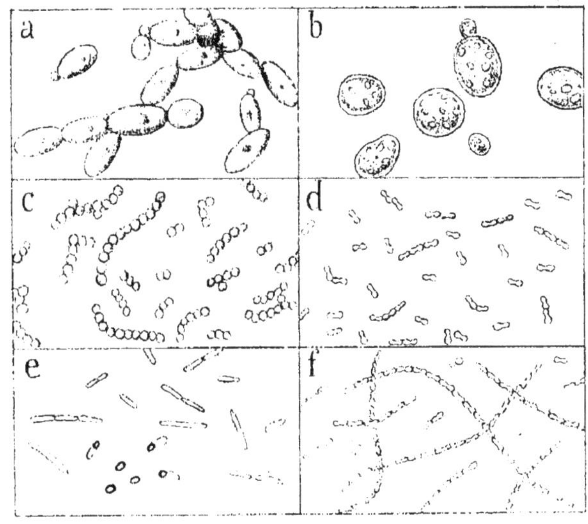

Fig. 37.

(phosphates alcalins et terreux). Pour **100** p., elles contiennent en moyenne **37** de matières cellulosiques et **45** de matières albuminoïdes.

Le diamètre de ces cellules varie de **2** à **20** millièmes de millimètre ou *microns* [1].

Placées dans un milieu sucré, les levures se développent rapidement par bourgeonnement, puis au fur et à mesure que le liquide s'épuise en sucre par suite de la fermentation, le bourgeonnement diminue, puis cesse, et l'intérieur des cellules se remplit de spores qui constituent des germes pouvant donner de nouvelles cellules actives de levure dans un liquide sucré frais.

Les bactéries sont constituées par des cellules très variables de forme et de dimension, parfois mobiles (fig. 37, *c* à *f* représentant diverses espèces de bactéries avec un grossissement de 750 diamètres) ; leur plus grand diamètre n'excède pas

1. On désigne par la lettre μ cette unité de mesure égale au millième de millimètre.

ordinairement 10 μ. Elles sont formées comme les levures d'une membrane mince renfermant un liquide albumineux, mais la proportion de matières albuminoïdes qu'elles contiennent est de 85 0/0, c'est-à-dire près du double des levures.

Elles se reproduisent surtout par *scissiparité*, avec une rapidité prodigieuse, chaque partie de la cellule qui s'est scindée spontanément en deux continuant à évoluer dans le milieu actif et à se développer de façon à atteindre les dimensions d'une cellule parfaite. Quand le milieu s'épuise par fermentation, la reproduction par scissiparité s'arrête et les cellules s'emplissent de spores fixes, qui constituent des germes capables de donner de nouvelles bactéries dans un liquide frais. Les spores sont douées d'une résistance aux agents destructeurs beaucoup plus grande que les bactéries.

111. Fermentations dues aux levures. — Les levures donnent toutes de l'alcool et de l'acide carbonique avec les jus sucrés d'après le mécanisme décrit plus haut. Il en existe différentes espèces. La levure de bière étudiée par Lavoisier, Cagniard de Latour, etc., est la levure des bières anglaises dite par *fermentation haute*, c'est-à-dire inactive aux basses températures et active surtout entre 16° et 20° (fig. 37 *a* et *b*). Les bières allemandes, dites à *fermentation basse*, son produites par une autre levure, active surtout vers 6°. Les jus de raisin fermentent sous l'influence d'une levure différente, le *saccharomyces ellipsodeus*, les jus de fruit sous l'influence du *saccharomyces apiculatus*, *pastorianus*, etc. : chaque région vinicole, a généralement sa levure propre et le bouquet des vins paraît en rapport avec les produits secondaires (homologues supérieurs de l'alcool, aldéhydes, éthers, etc.), spéciaux à chaque espèce de levure. C'est surtout vers la fin de la fermentation, lorsque la levure est épuisée, que se forment la glycérine et l'acide succinique.

L'acide fluorhydrique dilué et le fluorure d'ammonium accroissent l'énergie fermentaire de la levure, tout en détruisant les bactéries qui se développent d'ordinaire en même temps que la levure : on obtient ainsi des rendements en alcool plus élevés, et un produit plus pur (procédé Effront).

112. Fermentations dues aux bactéries. — On peut les classer en fermentation par hydratation, par dédoublement, par réduction et par oxydation ; en voici un certain nombre d'exemples :

1° *Fermentations par hydratation.* — La transformation de l'urée en carbonate d'ammoniaque suivant la réaction :

$$CO, Az^2H^4 + 2H^2O = CO^3 (AzH^4)^2$$

est provoquée ainsi que l'ont démontré Pasteur et Van Tieghem par un microbe très petit, le *micrococcus ureæ* en globules sphériques de 1 µ 5 de diamètre, souvent associés en files (fig. 37, *c*), qui secrètent une diastase, agent actif de la fermentation ammoniacale des urines.

Les amides de l'humus provenant des végétaux sont de même transformées par hydratation en sels ammoniacaux par un microbe spécial (Müntz).

2° *Fermentations par dédoublement.* — Le dédoublement du glucose $C^6H^{12}O^6$ en deux molécules d'acide lactique $C^3H^6O^3$ est provoqué par une bactérie en forme de gourde de 2 µ 6 de longueur (Pasteur) (fig. 37, *d*). Un très grand nombre de ferments lactiques différents (Kayser) produisent le même dédoublement avec des hydrates de carbone très divers.

3° *Fermentations par déshydratation.* — Le lévulose $C^6H^{12}O^6$ est transformé en cellulose $C^6H^{10}O^5$ par déshydratation sous l'influence du *bacterium xylinum* (A. J. Brown).

4° *Fermentations par réduction.* — Elles sont extrêmement nombreuses et généralement accompagnées d'une transformation partielle de la substance fermentescible en acide carbonique par oxydation complète, avec dégagement corrélatif d'hydrogène ou de composés non oxygénés de l'hydrogène.

Sous l'action du *bacillus œthylicus* (Fitz) (fig. 37 *e*) existant dans le foin, la glycérine est transformée en alcool éthylique avec dégagement d'hydrogène et d'acide carbonique :

$$\underset{\text{glycérine}}{C^3H^8O^3} = \underset{\text{alc. éthylique}}{C^2H^5.OH} + H^2 + CO^2$$

Le *bacillus amylobacter* (Pasteur) transforme l'acide lactique en acide butyrique suivant l'équation :

$$2\underset{\text{ac. lactique}}{(C^3H^6O^3)} = \underset{\text{ac. butyrique}}{C^4H^8O^2} + 2H^2 + 2CO^2$$

Le même bacille transforme aussi directement le glucose et la glycérine en acide butyrique.

Sous l'influence d'un très petit bacille anaérobie, la cellulose est transformée en acide carbonique et méthane :

$$\underset{\text{cellulose}}{C^6H^{10}O^5} + H^2O = 3CO^2 + 3CH^4$$

C'est la fermentation du fumier de ferme, surtout active vers 52° ; le fumier, à l'abri de l'air, peut dégager jusqu'à 100 litres de méthane par jour et par mètre cube (Gayon).

Le soufre des albuminoïdes, du caoutchouc vulcanisé, et même le soufre libre est transformé en hydrogène sulfuré par un microbe qui se rencontre en abondance dans les eaux d'égout, et qu'on trouve même dans l'eau de pluie et dans les eaux potables. C'est un ferment très énergique dont l'action s'arrête quand l'hydrogène sulfuré atteint une certaine proportion. La production d'hydrogène sulfuré est accompagnée d'oxydations corrélatives, l'hydrogène étant emprunté à l'eau dont l'oxygène se porte sur le carbone des matières organiques.

5° *Fermentations par oxydation.* — Elles sont produites par des microbes aérobies et l'on en connait un très grand nombre ; elles jouent un rôle capital dans l'économie du globe. Tantôt l'oxydation est poussée jusqu'au bout et la matière organique se résout en azote, acide carbonique et eau, tantôt il se forme un produit d'oxydation intermédiaire qui subsiste tant qu'il reste de la matière fermentescible.

L'alcool éthylique est transformé en acide acétique suivant la réaction :

$$C^2H^5.OH + 2O = C^2H^4O^2 + H^2O$$

alc. éthylique ac. acétique

par une bactérie, le *mycoderma aceti* (Pasteur), formé de cellules longues de 1 μ 5 à 3 μ, étranglées au milieu et souvent associées en files enchevêtrées (fig. 37 *f*), formant un voile à la surface des liquides alcooliques se transformant en vinaigre. Le mycoderma aceti vit exclusivement à la surface des liquides, dans un milieu moyennement alcoolique (au plus 10 0/0) et contenant un peu de matière nutritive (décoction de levure, d'orge ou de seigle). En ajoutant un peu de vinaigre au début, on empêche le développement d'autres microbes.

Quand tout l'alcool est converti en acide acétique, le ferment continue à vivre aux dépens de ce dernier, et le détruit par oxydation totale en acide carbonique et eau.

La fermentation putride des matières albuminoïdes est le résultat de deux actions distinctes, l'une oxydante, l'autre hydratante. Au début de la fermentation, il se développe à la surface de la masse des bactéries qui absorbent l'oxygène dissous, et c'est seulement alors que des bactéries anaérobies se développent dans l'intérieur de la masse, transformant par hydratation les matières albuminoïdes en produits plus simples, analogues aux peptones. Les bactéries de la surface déterminent l'oxydation de ces produits qui se résolvent finalement en eau, acide carbonique et ammoniaque.

La production de nitrates aux dépens des matières organiques azotées est également due à un phénomène de fermentation par oxydation. Si l'on fait passer lentement de l'eau d'égout dans une colonne de sable stérilisé au préalable par calcination, les matières azotées contenues dans cette eau sortent de l'appareil transformées en nitrate d'ammoniaque. Si l'on mélange un anesthésique à l'eau, du chloroforme par exemple, la production de nitrate s'arrête, elle reprend quand l'anesthésique a été éliminé. Cette expérience fondamentale, faite en 1876 par MM. Schlœsing et Müntz, prouvait que la production du nitrate était due à des microorganismes aérobies fixant l'oxygène de l'air sur les matières azotées organiques ; ils ont été isolés dans ces dernières années par M. Winogradsky.

Le cycle complet de la fermentation nitrique est le suivant.

Les sels ammoniacaux provenant des matières organiques azotées (urée, amides de l'humus) sont d'abord transformés en nitrites par le *nitrosomonas*, petit corpuscule arrondi, se développant très activement en absorbant beaucoup d'oxygène, mais dont l'action s'arrête aux nitrites. Ceux-ci sont ensuite transformés en nitrates sous l'influence d'un autre microorganisme en forme de bâtonnets, le *nitrobacter*, à développement plus lent que le nitrosomonas. Ces deux catégories de microbes prospèrent surtout vers 37° dans l'obscurité ; leur action s'arrête vers 55° et ils sont tués, ainsi que leurs germes, à 90°.

Le nitrobacter, qui est à proprement parler le ferment nitrique, est cependant incapable d'agir sur l'ammoniaque et son action ne s'exerce que sur le premier degré d'oxydation de l'azote sous forme de nitrite.

Le nitrosomonas est lui-même incapable de transformer directement en acide nitreux les matières azotées organiques contenues dans le sol, appartenant à la classe des amides et provenant de la décomposition des végétaux par fermentation putride. Ainsi que l'a reconnu M. Müntz, les matières azotées de l'humus des terres végétales sont transformées en sels ammoniacaux par un troisième ferment, comme l'urée est transformée en carbonate d'ammoniaque par le *micrococcus ureæ*, et ce sont ces produits ammoniacaux qui sont élaborés par les ferments nitreux et nitrique de M. Winogradsky.

Quant à l'azote fixé par les plantes, il provient pour un grand nombre principalement des nitrates ainsi élaborés par les ferments nitriques dans le sol aux dépens de l'humus, et, pour une faible part, de l'azote fixé directement par le végétal sous l'influence de l'électricité à basse tension de l'atmosphère (Berthelot), ainsi que de l'acide nitrique et de l'ammoniaque produits par l'électricité à haute tension des orages au moyen de l'azote, de l'oxygène et de la vapeur d'eau de l'atmosphère. Mais certaines plantes, telles que les légumineuses, fixent l'azote de l'air diffusé dans le sol soit par l'intermédiaire d'un microbe spécial, le *rhizobium*, bactéroïde se développant dans les nodosités de leurs racines (Hellriegel et Wilfarth), soit par l'intermédiaire d'algues vertes ou même directement (Th. Schlœsing et E. Laurent), soit enfin avec le concours d'un bacille anaérobie, le *clostridium pasteurianum* (Winogradsky).

113. Signe thermique des phénomènes de fermentation. — Tous les phénomènes de fermentation sont accompagnés d'un dégagement de chaleur. Cela est évident lorsque les substances produites correspondent à une réaction nettement exothermique : tel est le cas des fermentations par hydratation et surtout par oxydation. Pour les fermentations où la production de certaines substances absorbe de la chaleur(ce qui est fréquent dans les fermentations par réduction, ainsi que dans la formation microbienne des composés amidés des végétaux où l'hydrogène est fourni par l'eau avec absorption de chaleur), on peut vérifier que l'énergie nécessaire à l'élaboration de ces substances est fournie par des réactions exothermiques corrélatives, généralement par l'oxydation du carbone : c'est ainsi que dans les cultures du *clostridium pasteurianum*, M. Winogradsky a constaté que ce microbe consomme 20 grammes de dextrose pour fixer 25 à 28 milligrammes d'azote, et c'est la combustion du carbone de cette substance produisant des acides carbonique, acétique, etc., qui fournit l'énergie absorbée par la fixation de l'azote.

Le signe du dégagement thermique dans les phénomènes de fermentation est donc toujours positif. Nous avons vu (95) que l'on doit considérer l'ensemble des corps organiques au sein de l'atmosphère comme un système hors d'équilibre : le travail des fermentations a donc pour résultat de résoudre le monde organisé en un système plus stable formé d'azote, d'acide carbonique et d'eau, cette désagrégation finale étant accompagnée d'une production d'énergie que nous pouvons utiliser dans quelques étapes (houille, nitrates, alcool, etc.) entre l'organisme vivant et les derniers produits de sa destruction.

Toute substance ayant vécu fait ainsi retour au milieu qui lui avait fourni ses éléments par l'intermédiaire des végétaux : ce sont en effet les plantes, matières premières de tout aliment, qui transforment l'acide carbonique et la vapeur d'eau de l'atmosphère en hydrates de carbone assimilables, et qui fixent l'azote de l'air. Ainsi, toute l'énergie mise en jeu dans la vie et la désagrégation des êtres organisés est en définitive empruntée à la chaleur et à la lumière du soleil, sous l'action desquelles se produisent les synthèses endothermiques de la végétation ; et le rôle des infiniment petits dans l'économie du globe est de restituer constamment à l'atmosphère les éléments nécessaires au développement des êtres organisés, éléments qui sans les microorganismes s'accumuleraient dans le sol, définitivement soustraits à l'énergie organisatrice du soleil.

TABLE DES MATIÈRES

INTRODUCTION

CHAPITRE I

ÉTATS DIVERS ET TRANSFORMATIONS DE LA MATIÈRE

LOIS CHIMIQUES DES MASSES

CHAPITRE II

LOIS DES COMBINAISONS DÉFINIES ET SYSTÈMES DE NOTATIONS CHIMIQUES

CHAPITRE III

HYPOTHÈSES SUR LA NATURE DES CORPS SIMPLES ET CLASSIFICATION DES ÉLÉMENTS

LOIS CHIMIQUES DE L'ÉNERGIE

CHAPITRE IV

PHÉNOMÈNES THERMIQUES ACCOMPAGNANT LES RÉACTIONS CHIMIQUES

CHAPITRE V

LOIS CHIMIQUES DE L'ÉNERGIE S'APPLIQUANT AUX RÉACTIONS RÉVERSIBLES OU IRRÉVERSIBLES

CHAPITRE VI

LOIS CHIMIQUES DE L'ÉNERGIE RELATIVES AUX RÉACTIONS COMPLÈTES IRRÉVERSIBLES

LOIS CHIMIQUES DE L'ÉNERGIE RELATIVES AUX RÉACTIONS RÉVERSIBLES

CHAPITRE VII

ÉTUDE EXPÉRIMENTALE DES RÉACTIONS D'ÉQUILIBRE

CHAPITRE VIII

CLASSIFICATION DES RÉACTIONS RÉVERSIBLES ; LOI DU DÉPLACEMENT DE L'ÉQUILIBRE

CHAPITRE IX

LOIS NUMÉRIQUES DES ÉQUILIBRES CHIMIQUES

CHAPITRE X

LOIS NUMÉRIQUES DES ÉQUILIBRES CHIMIQUES (*suite*)
PROPRIÉTÉS DIVERSES ET CONSTITUTION DES SOLUTIONS

LOIS DE L'ÉQUILIBRE DANS LES DOUBLES DÉCOMPOSITIONS

APPLICATIONS DIVERSES DES LOIS DES ÉQUILIBRES CHIMIQUES

RÉSISTANCES PASSIVES DANS LES TRANSFORMATIONS CHIMIQUES ET PROCÉDÉS POUR LES SURMONTER

CHAPITRE XI

RÔLE DES DIFFÉRENTS MODES DE L'ÉNERGIE DANS LES RÉACTIONS CHIMIQUES

CHAPITRE XII

PHÉNOMÈNES DE FERMENTATION

Laval. — Imprimerie Parisienne, L. BARNÉOUD & Cie.

www.ingramcontent.com/pod-product-compliance
Ingram Content Group UK Ltd.
Pitfield, Milton Keynes, MK11 3LW, UK
UKHW020114200726
13856UKWH00002B/548